U0325915

台风模式下海上油田群自动控制系统建设

邓常红　万年辉　吴意明　王升东　陈小刚　张　琳　编著

石油工业出版社

内 容 提 要

本书主要以中国南海东部海域油气田的台风模式下海上油田群自控系统建设为案例，介绍了海上油田群自控系统建设的实施过程及理念创新，并且就关键技术的专题研究、改造设计、风险分析、创新实践技术应用等进行详细阐述。书中内容涉及油田群海上在役生产设施（生产平台及浮式生产储油船）工艺系统、水 / 消防 / 安全系统、公用系统、机械系统、电气系统、仪控系统等的改造升级和海上 / 陆地生产操控中心及远程监控系统建设。

本书适合从事海洋石油开发的管理者、科技人员、设计及制造人员、生产及维护人员参考阅读，也可供高等院校相关专业师生参考使用。

图书在版编目（CIP）数据

台风模式下海上油田群自动控制系统建设 / 邓常红
等编著 . —北京：石油工业出版社，2023.11
ISBN 978–7–5183–6218–9

Ⅰ . ① 台… Ⅱ . ① 邓… Ⅲ . ① 海上油气田 – 油气田开
发 – 自动控制系统 Ⅳ . ① TE53

中国国家版本馆 CIP 数据核字（2023）第 148771 号

出版发行：石油工业出版社
（北京安定门外安华里 2 区 1 号　100011）
网　　址：www.petropub.com
编辑部：（010）64523537　　图书营销中心：（010）64523633
经　　销：全国新华书店
印　　刷：北京晨旭印刷厂

2023 年 11 月第 1 版　2023 年 11 月第 1 次印刷
710×1000 毫米　开本：1/16　印张：13.25
字数：210 千字

定价：60.00 元

前　言

　　随着新一轮科技革命和产业变革的兴起，以数字化为核心特征、以数据为关键生产要素、以数字技术为驱动力的新型生产方式蓬勃发展，能源行业的数字化、智能化转型已成为世界各国的能源技术发展的共识。相对于陆上油气开发，海上油气田面临更加复杂的环境，特别是中国南海和东海的海上油气田群位于台风频繁的中国海域，长期以来遭受台风天气的困扰。以保障国家能源安全、落实国家能源发展战略为出发点，推动数字化和智能化转型，实现从传统管理模式向现代化、数字化、智能化跨越。我国南海海上油田通过积极探索创新，向数据要效益，向台风要产量，陆续开展台风模式下自动控制系统的建设，实现了高凝油田群远程控制生产的战略性探索和实践。本书是作者团队在从事台风模式下自控系统建设研究与应用实践过程中的成果总结。

　　全书内容共6章。第1章简要阐述海上油田群基于台风模式下的自控系统建设的释义和重要意义；第2章介绍台风模式建设的实施步骤和过程，并总结实施过程的理念创新；第3章讲述超限工况确定原则、高凝油停产置换、船体摇摆对工艺设备影响分析、通信系统升级改造等关键技术的专题研究；第4章围绕设计要求、设计原则、设计基础、平台设计、油轮设计和陆地操控中心设计等阐述在役油田群台风模式建设项目的主要设计内容；第5章结合案例介绍台风模式建设中的风险识别、评价和控制方法；第6章描述台风模式自控系统建设过程的创新实践新技术及其应用情况。

台风模式作为一种全新运行模式，开创了国内海上整装油田远程控制生产的设计改造范式，完整实现了海上油田设施（有人）正常模式生产运营和（无人）台风模式远程控制生产的高度契合。本书基于台风模式下海上油田群自控系统建设的经验总结，为海上油田群后期台风模式改造和新油气田智能化建设提供参考。书中内容涉及油田群海上在役生产设施（生产平台及浮式生产储油船）工艺系统、水/消防/安全系统、公用系统、机械系统、电气系统、仪控系统等的改造升级，以及海上/陆地生产操控中心和远程监控系统建设等。期望本书内容能对海洋石油开发的管理者、科技人员、设计及制造人员、生产及维护人员等起到有益的参考和借鉴作用。

本书在编写过程中得到了中海油各级领导和专家的关心，也得到了相关第三方船级社、科研机构和企业的大力支持，在本书即将付梓之际，向他们表示衷心感谢！

由于水平有限，书中难免会出现不足和错误之处，敬请读者批评指正！

目 录

第1章 绪 论

1.1 台风模式建设的释义

台风模式是指人员避台撤离后，在台风中心到达油田之前或者不经过油田，风浪海况条件在一定范围内，通过陆地远程遥控生产的非常规生产模式。台风模式并不是在台风侵袭平台时继续维持生产，而是在台风即将侵袭平台之前的某种工况下，利用远程自控系统把油田安全关停，尽可能减少因台风引起的产量损失。

海上油田群基于台风模式下的自动控制系统建设（以下简称台风模式建设）是指对海上油田群现有设施进行升级改造，以达到在陆地实现对各类海上生产设施（平台、浮式生产储油船等）的远程实时监控、远程操作和安全关断（包括关停及完成海管置换），实现海上生产设施在人员撤台后（设施处于无人状态）到台风关停前这段时间内可以通过陆地远程操控安全地进行生产。

1.2 台风模式建设的改革发展内涵

能源产业是国民经济的重要组成部分，也是经济发展的基础性产业。以数据要素为驱动、以数据技术应用融合为主线，加快能源行业结构性变革、推动能源行业低碳绿色发展，既是现实急迫需求，也是行业发展方向。

国家互联网信息办公室发布《数字中国发展报告（2020 年）》，报告中提出，"十四五"时期要围绕加快发展现代产业体系，推动互联网、大数据、人工智能等同各产业深度融合，实施"上云用数赋智"，大力推进产业数字化转型，发展现代供应链，提高全要素生产率，提高经济质量效益和核心竞争力。

2022 年 4 月，国家能源局、科学技术部联合发布《"十四五"能源领域科技创新规划》（以下简称《规划》）。《规划》指出，在能源系统数字化技术领域，要聚焦新一代信息技术和能源融合发展，开展能源领域用智能传感和智能量测、特种机器人、数字孪生，以及能源大数据、人工智能、云计算、区块链、物联网等数字化、智能化共性关键技术研究，推动煤炭、油气、电厂、电网等传统行业与数字化、智能化技术深度融合，开展各种能源厂站和区域智慧能源系统集成试点示范，引领能源产业转型升级。

1.3 台风模式建设的行业发展要求

2019 年，国家能源局制订了油气行业增储上产的"七年行动计划"，并于 5 月召开"大力提升油气勘探开发力度工作推进会"，会议强调"石油企业要落实增储上产主体责任，不折不扣完成 2019—2025 七年行动方案工作要求"。

中国南海和东海的海上油气田群主要位于台风频繁的中国海域，长期以来遭受台风天气的困扰（图 1-1）。海上油气田生产单位在接到避台通知后，须立即实施主动撤离，关停平台生产，台风过后再组织复工，启动复产工作，严重影响油气产量，目前仅南海东部海域，每年产量损失就达到数十万方油气当量。

图 1-1　南海某台风云图

以保障国家能源安全、落实国家能源发展战略为出发点，落实增储上产"七年行动计划"，全面建设以生产指挥中心、生产操控中心为核心的海陆运营一体化、操作智能化、生产数字化、决策科学化的智能油气田，成为积极应对能源转型升级，推进中国特色国际一流能源企业建设的必然要求。对现有海上油气田设施开展台风模式建设，是实现"从传统管理模式向现代化、数字化、智能化跨越"的一次积极探索，为油气田在台风模式下的无人化生产创造条件。

第 2 章　台风模式建设的实施及理念创新

2.1　台风模式建设的启动

2018 年南海东部油田在 PY10-2WHPA 启动了无人平台改造试点，对标国内外无人平台现状和技术发展趋势、结合海油特色和智能油田发展规划，提出"海上井口平台无人化"配套的生产方式转变规划方案，实现中心平台对试点平台的远程控制、智能化管理，实现试点平台无人值守，为后续智能化油田建设提供借鉴和参考。

2020 年，随着恩平油田群自控系统建设项目的启动，南海东部油田开启了海上油田群全海式台风模式建设。2021 年，在台风"圆规"袭击时，恩平油田群成功测试远程自动控制系统，实现了无人条件下油田正常生产，挽回原油产量损失超过 10×10^4bbl，创造经济效益 5300 多万元。2022 年 7 月，油田再一次通过台风"暹芭"考验，并开展长达 170h 的连续测试工作，创最长运行时间纪录，进一步检验了系统的可靠性，为台风模式常态化升级提供了样板。此后，番禺油田群、流花油田群等油田的自控系统建设陆续展开。

2.2　台风模式建设的主要内容及实施步骤

海上油田群基于台风模式下的自动控制系统建设主要由两个项目构成，分别是油田群在役海上生产设施／陆地操控中心改造和油田群远程监控系统建设项目，油田群海上生产设施改造包括生产平台及浮式生产储油船（以下简称 FPSO）的工艺系统、水 / 消防 / 安全系统、公用系统、机械系统、电气系统、仪控系统等改造，油田群远程监控系统建设项目的主要项目内容为中控系统优化升级改造、工控通信网络建设、工控网络安全保护等。某油田群示意图如图 2-1 所示。

图 2-1　某油田群示意图

台风模式建设项目实施过程的主要步骤有：

（1）可行性研究；

（2）组织专家审查会；

（3）开展基本设计和详细设计工作；

（4）在完成基本设计工作基础上启动危险与可操作性分析（以下简称 HAZOP 分析）；

（5）开展安全完整性等级定级（以下简称 SIL 评估）和失效模式影响分析（以下简称 FMEA 分析）；

（6）海上改造施工工作；

（7）自控操作中心改造、设备安装、网络调试工作；

（8）完成接入改造，开展海陆联调联试工作；

（9）完成项目全部工作，按照分步验证的方式逐步投用海上设施台风模式；

（10）开展二次联合调试，实现多种工况下的全功能测试；

（11）台风影响油田，台风模式启动，接受实践检验。

2.3 台风模式建设的理念及设计创新

台风模式作为一种全新运行模式，在南海东部油田台风模式建设的摸索和实施过程中进行多维度多专业的理念及设计创新，总结如下。

2.3.1 整装油田台风模式建设的理念

台风模式建设突破常规，防范化解系统集成风险是贯穿整个设计的基本思路，通过对比气田的台风模式和油田的无人平台设计，结合系统运行经验和主要集成产品的设计分析，除了无人工况下需要应对火灾和泄漏等常见风险外，还梳理出台风模式自控系统建设的六大主要风险，针对风险进行系统改造设计以实现陆地的远程应对。

（1）海管、井筒及工艺管线凝堵的风险。对比气田台风模式，气田工艺介质为气体，在海管中不存在凝堵风险。而油田台风模式建设，以南海某油田为例，平台油品凝固点较高，为 26～30℃，但夏季海床温度在 20℃左右，秋冬季最低温度为 15.9℃，同时各设施地面工艺管路复杂，尤其是 FPSO 上岸工艺管路介质含水在 30% 以内，一旦停产，存在海管、井筒以及工艺管线凝油风险。基于此，在行业内原创设计了井筒压井 / 海管置换 / 工艺流程的多路选择置换、FPSO 在不同工况下的流程置换选择、FPSO 单点上岸关断阀电磁阀的冗余容错和化学药剂降凝等措施。

（2）电仪设备突发故障的风险。台风模式下，当发生房间进水、受潮或船体摇摆时，可能导致配电设备或电仪设备无法正常运行，一旦主机跳停、组块应急机故障停机，平台将失去海管置换和火灾应急的动力源，无法进行相对应操作处置。基于此，在行业内原创了整装油田全系统供电及控制分级设计理念。

（3）海陆通信不稳定的风险。由于海上设施处于较远海域，台风模式下平台和陆地的远程通信通过无线通信的方式实现（卫星、散射）。无线通信的方式相比海底光缆通信方式来说，有带宽小、通信不稳定等风险，尤其是台风来临前的恶劣天气影响会导致通信数据丢包和延迟，严重时出现通信失联，同时光端机等核心通信设备可能故障。但海上设施不能在失联工况下运行，一旦失联需要执行关停、扫线等操作才能确保设施处于安全状态。基于此，行业内原创设计了通信极端失联工况下的系统自主运行时序逻辑，设计了海陆间通信采用多个通信链路独立传输工控数据，实现工控网与办公网通信链路物理隔离，同时将多个通信链路设为互为热备方式，满足了极端工况下实现一键置换时的基于分布式控制系统（DCS）控制底层专控系统的直接互联通信控制。

（4）FPSO 接收终端摇摆、机舱进水、船体倾斜和舱压不稳的风险。由于 FPSO 的摇摆、液位等参数波动加剧，工艺稳定控制难度大，船体摇摆易造成主机吸油困难而无法正常运转、台风期间机舱通海阀门未隔离，管路渗漏和涌浪冲击可能导致机舱进水、远程压配载失控或者置换海水不能停输造成 FPSO 船体倾斜等。基于此，在船体设计上原创了海底门液压站热备路分路控制、大舱微正压保护控制、机舱应急排海管线阀门及船体姿态检测系统等。

（5）溢油风险。平台原油挥发性差，在台风模式生产的过程中可能会出现海面溢油，也可能会出现工艺系统水中跑油的情况。基于此，引进监测探头，针对海面、甲板，利用溢油探测＋摄像头，创新性通过计算机软件分析、图像采集和处理，实现了实时溢油监控报警，并有效解决水中含油（OIW）分析仪无法长时间稳定运行的难题，同时改造 FPSO 主甲板的含油污水回收系统，使其具备远程启动功能，可快速应急响应，降低了溢油泄漏风险，从而保护海洋环境。

（6）关键设备或阀门失效的风险。在台风模式期间，海管两端阀门和电气开关等关键设备存在失效的风险，尤其是在启动扫线过程中，一旦阀门失效则会直接造成扫线失败，从而引发海管原油冷凝堵塞。基于此，创新性引进液压阀门，自主设计阀门控制系统，完全实现了冗余容错双保险设计，同时根据工艺扫线需求，首创了不同工况下的不同扫线机制，实现了安全性和实用性的有机结合。

2.3.2 整装油田台风模式设计标准规范的延展创新

对于整装高凝油油田台风模式的创建，国内没有任何经验可以借鉴，国际上各大石油企业也没有应用案例可供参考，同时，规范上油田设计基础安全四篇也没有无人台风模式的设计依据，而各个系统的全面升级改造导致原有的 HAZOP/SIL 分析无法覆盖，现行标准和规范也无法全部覆盖自控系统建设的设计需求。

鉴于此种情况，在与设施发证方法国船级社（BV）、中国船级社（CCS）及挪威船级社（DNV）三家船级社一同进行 HAZOP 和 SIL 分析的基础上，进行了 FMEA 分析和重大情景构建，对现有安全规范进行延展创新，确立了台风模式下和正常有人生产情况下的两种生产模式互不影响的设计原则。

2.3.3　整装油田台风模式生产的极限工况原则

台风带来的是各种极端天气和复杂工况下的巨大风险和严峻考验，因此，基于整装油田台风模式生产，首先就需明确生产工艺上的相应极限工况，同时确立不管是出现生产关断还是火气关断，均不进行复产设计的思路。其次，需根据海上设施现行防台风预案等要求，结合近 70 年的台风统计数据、油轮及平台基础设计计算书、舱容设计计算书及油轮动态立管设计计算书等大量数据，进行科学的分析研判，并考虑冗余量。通过综合研究和台风测试，行业内首次设定了台风模式生产的极限工况（注：这仅是对超限工况考虑原则的建议，不同区域油田应该按照各自实际情况，不断优化确定各自油田的极限工况）：

（1）现场实测风速超过 11 级（结合人工远程视频判断）；

（2）台风预报 12h 内 11 级风圈将进入油田；

（3）FPSO 的单边摇摆度超过 10°；

（4）海陆通信中断超过 10min；

（5）FPSO 达到 90% 舱容或满载吃水；

（6）陆地监控发现有溢油、火情、可燃气泄漏或其他异常工况等；

（7）现场监测到异常工况，如火灾、可燃气泄漏、关键设备故障、工艺参数超限等。

2.3.4　台风模式的工况模型范式

除了无人工况下的火灾和溢油等安全环保风险外，台风模式创建的首要任务就是要解决工艺管路和海管凝堵的风险，尤其是海管凝堵，要解决此问题就是要解决如何串联机、电、仪、动力、工艺各专业设备的系统集成的问题，以及解决如何在各种工况下统一协同完成置换和保证控制电源的问题。基于此，首创设定了台风模式的四种工况模型，并确定了设计范式。

第一种是有主电的工况：当 FPSO 供电正常时，可以通过工艺和电仪改造，利用正常的置换流程和中控系统进行海管置换和关停控制，工艺扫线、罐体排空和海管置换流程覆盖全部地面工艺和海管路由。

第二种是失主电但有应急电的工况：当 FPSO 集中供应的主电失去，无论是利用平台组块原有的应急发电机还是利用改造后可以并网供电的钻机模块发电机，通过应急置换流程、应急母排供电（应急母排反送电至正常母排）和原有中控系统控制，实现工艺扫线、罐体排空和海管置换。

第三种是失去应急电的工况：当应急电失去后，启动柴油消防泵并关闭雨淋阀等，快速甩掉中控非必要负荷，启用新搭建的专用控制系统，工艺扫线、海管置换流程覆盖地面分离器油出口下游的高含水工艺流程和海管路由。

第四种是通信失联工况：人工参与的工况均以通信保证为前提，但海陆通信中断或者设施间通信中断后，不考虑任何措施对高凝油油田是无法接受的，因此通信失联下，启动柴油消防泵并关闭雨淋阀等，快速甩掉非必要控制负荷，启用新搭建的专用控制系统进行海管置换。

2.3.5 匹配工况模型范式的供电与控制分级设计理念

通过台风模式的四种工况模型范式设计理念的确立，为提高各种工况下设备运行及供电稳定性，匹配机、电、仪、动力、工艺各专业对供电和控制的需求，提出了供电与控制的多重冗余容错及分级设计理念。

（1）供电分级设计。

一级供电，匹配第一种工况，此时油田群正常用电由 FPSO 主发电机供电。经过单点电滑环和海底复合电缆为平台供电。

二级供电，匹配第二种工况，此时若主电站非计划停电，则自动启动应急发电机；若应急发电机启动失败，则启动备用柴油发电机，保证中控系统供电和现场应急设备用电，以确保海管扫线完成。

三级供电，作为二级供电的多重冗余容错设计，匹配第二种工况。此时若应急发电机和柴油发电机全部启动失败，则远程启动模块钻机柴油发电机给组块应急低压盘反送电，用以给中控系统和现场应急设备供电，确保手动置换扫线流程完成。

四级供电，匹配第三种和第四种工况，各平台设施新增一套专用交流不间断电源（UPS），FPSO 依托原有的大容量 UPS，在失去三级供电后为智能自动置换专用控制系统及设施必须通信设备持续供电 8h 以上。专用控制系统控制柴油驱压井泵和柴油驱海水泵进行压井和海管置换工作。

（2）控制分级设计。

控制系统根据各种工况设计、分布式控制系统（DCS）和现场总线控制系统（FSC）框架逻辑及供电结构确立分为两级。

一级为主中控系统，油田台风模式正常生产情况下，主中控系统按照正常生产逻辑与陆地操控中心进行远程通信，控制生产流程。

二级为设立与主中控系统既兼容又独立的专用控制系统。考虑到主中控系统的较大负荷和极端工况下的设备冗余，各设施均建立了专用控制系统并配备了专用的 UPS 系统，以实现第三种、第四种工况下的甩减负荷和海管置换。

2.3.6　基于更高稳定性需求的冗余设计理念

（1）液压关断阀控制回路多重冗余容错设计。

为了保证在通信失联工况和一键置换时时序逻辑可以按要求进行，因此将第四种工况时现场动作执行的气动和手动阀门更换成了控制更为稳定及动力源更为持久的液压阀门，并通过对阀门的控制回路的多重冗余容错设计，达到了单设备控制最本质安全的状态。

以单点液压关断阀为例，正常生产模式下，单点上岸关断阀电磁阀在发生生产关断时，需要关闭关断阀，使电磁阀失电。但在台风模式启动后，在未发生火灾和溢油的情况下，一旦单点关断阀关闭，则会影响海管扫线的完成。在综合研判了各种风险之后，创新设计了此关断阀的双回路四电磁阀的多重冗余容错控制回路，确保了在台风模式下，海管置换的顺利进行。

台风模式下，作业人员全部撤离设施，需要将手动复位电磁阀更换为自动复位电磁阀，在此基础上同时增加冗余容错设计，新增两个电磁阀作为原阀组的冗余热备路，新增电磁阀中任一电磁阀得电，都可以实现打开上岸关断阀的功能，解决了台风模式下生产关停后上岸关断阀无法远程开关造成无法安全生产的风险。

（2）通信分网控制设计。

陆地操作中心通过多个通信链路实现远程访问海上设施端生产系统界面。海陆间采用 IPSec VPN 隧道方式，独立传输工控网数据，通过海上设施互联链路配置冗余，确保工控网络稳定性。多个通道使用 IP 分段路径规划避免相互干扰，且能在一个通道发生故障时迅速规划新的数据链路。

海上视频监控和采集的气象数据通过办公网传输至陆地办公网，从而实现工控网与办公网的通信链路物理隔离。同时，考虑到服务器模式在海陆服务器之间传输大量的数据会造成带宽拥挤和通信延迟，优先选用远程桌面控制，KVM 模式作为备用。远程桌面充分利用现有控制系统，不另行编制控制程序，陆地操控与海上现有操控方式一致。在无人模式下，增加通信带宽用于海陆工控数据传输。

专用控制系统和工控网络通信设备电源接入到专用 UPS，即使在主电和应急电都断开的情况下，仍然能够与陆地操控中心连接。充分考虑顺序置换所需的时间来配备 UPS 的容量。海上设施视频监控系统和办公网络接入 UPS，即使在主电和应急电都断开的情况下，也能实现陆地远程视频监控可见。

2.3.7　海陆失联工况及远程一键置换的专用控制时序逻辑

专用控制系统是台风模式建设时为了保证通信失联的第四种工况和一键置换（手动操作）工况而设置的一套执行自动完成海管置换的时序逻辑系统。

正常工况时专用控制系统与原中控系统合二为一执行正常操作命令，针对通信失联的第四种工况和一键置换工况，设计了海陆互相发送心跳信号进行通联判断，当多路互为热备的通道全部断开时，海上系统进行延时等待，自动检测到通信失联 10min 即可触发专用时序逻辑，陆地操控中心的一键置换按钮也可启动时序逻辑。即在第一种、第二种工况下，利用原控制系统，通过陆地远程操控进行手动操作置换扫线。在第三种、第四种工况下，需要利用专用控制系统的时序逻辑设计对各个关键设备进行有顺序、有判断、有程序的科学控制，才能达到扫线置换的目的。所以台风模式建设的投用既适用于有人模式下的原有逻辑和规范，也能应对短期无人的极端工况。

考虑到原有中控系统的较大负荷和极端工况下的设备冗余，各设施均建立了专用控制系统并配备了专用的 UPS 以实现第三种、第四种工况下的甩减负荷和海管置换。在时序逻辑的设计上，考虑到火灾或泄漏情况的通信失联，则将灭火放在第一位，放弃扫线。

基于海管设计压力较高和各设施失联排列组合较复杂的原因，通信失联工况下海管上下游设施不考虑逻辑互锁和通信关联判断，不管是单设施失联还是全油田海陆失联，一旦失联，各设施按照自己的固有流程和控制进行置换准备。

2.3.8 基于更高安全要求的消防升级设计

（1）引入并应用超细干粉系统。

在原安全规范设计上，部分房间的设计都是考虑在有人的基础上，如果发生火灾等应急情况，则操作人员可以第一时间进行应急处置，而台风模式下，这些房间设备在正常运转，而人员已撤离设施，因此，在原设计没有无人时灭火措施的情况下，兼顾有人时的作业风险，引入超细干粉灭火装置进行安全保护，满足了两种模式的切换和补充。例如，在海上设施新增的专用控制间和电池间等房间引入超细干粉灭火装置进行覆盖，同时在 FPSO 中控室等原来没有自动灭火装置保护的房间也采用超细干粉进行自动灭火保护。

（2）延展消防泵在台风模式下的多功能使用标准。

在正常生产模式下，消防泵作为火气消防的重要设备有着严格的使用规范，其中，消防泵启动后不准许远程停止就是其设计规范之一。但是在台风模式下，柴油消防泵还需要兼顾消除海管凝堵风险的重要职责，因此，在台风模式下，拓展了柴油消防泵的远程启停设计，既可以满足精准灭火的需求，还可以兼顾海管扫线的作用。

（3）延展设计雨淋阀的远程复位功能。

雨淋阀作为消防喷淋的关键设备在正常生产工况下也是有着严格的使用规范，但在台风模式下，雨淋阀的控制逻辑对水消系统的稳定运行存在一定影响。雨淋阀正常生产情况下，控制电磁阀的失电和控制气源的失气都会致使雨淋阀开启，水喷淋启动，进而启动消防泵。但在台风模式的第三种和第四种工况下，仪表气空压机和雨淋阀电磁阀的负载都会被甩掉，造成雨淋阀的误开启，进而启动柴油消防泵，影响海管置换的流程。因此对雨淋阀控制管路进行独创性设计，增加一路由自身阀前水压为动力源，一路电磁阀控制通断，考虑一旦失电及雨淋阀复位的设计，满足了正常生产和台风模式的互不干扰，也满足了台风模式下的风险管控。

（4）延展应急机的远程启停设计。

如同柴油消防泵的设计规范，应急发电机在主电掉电之后会自动启动，而在确认正常之后，只能现场停止。在台风模式下，尤其是第四种工况的时序逻辑中，如果最后应急发电机不可以远程停止，则最后应急发电机也会成为一个风险源。因此在台风模式下，综合考虑各项因素，创新了应急发电机的远程停止设计。

（5）FPSO 上创新设计"鱼骨"喷淋泡沫覆盖系统。

FPSO 主甲板设置有一套泡沫系统，近二十个固定消防炮可以覆盖全船整个主甲板油舱区域。但是在台风期间，既无人操作又是强风天气，很难有效使泡沫覆盖整个主甲区域。因此在台风模式建设期间，利用原有主甲板泡沫系统，新建一条消防泡沫喷淋环网管线及低处"鱼骨"喷淋支管，替换原有的固定消防炮，用新泡沫喷淋系统实现对主甲板油舱区域进行全覆盖，解决了无人操作和强风天气对泡沫影响的问题。

2.3.9　整装油田台风模式生产的运营管理体系

台风模式作为一种全新运行模式，因此，需创建油田台风模式下

"生产运营管理体系"，与无人远程控制生产的特殊工况相匹配，依托设备完整管理的专用设备维保策略定制、台风工况测试及模拟验证的流程标准化、全油田防台风策略和应急处理方案升级、陆地远程控制的操作标准化，以及操控中心的网络保障、电力保障、值班及后勤管理等，形成全面的、全流程的、体系化的运营管理制度。

第3章 自控系统建设关键技术

3.1 超限工况确定原则

超限工况指预测台风中心经过油田时风浪及海况条件超过一定限值，现场异常等工况。在此工况下，陆地启动远程遥控关停和置换，因此超限工况的确定原则至关重要。

根据现行海洋石油企业标准，台风警戒区划分如图3-1所示。（1）绿色警戒区：一旦台风形成并将影响海上石油设施，从此时开始为绿色警戒区；（2）黄色警戒区：以海上石油设施为圆心，$M=(S+E+C)×v$ 为半径的范围；（3）红色警戒区：以海上石油设施为圆心，$M=(E+C)×v$ 为半径的范围［注：M——从海上石油设施至台风（10级大风前沿）的距离；S——从停止正常作业到完成撤离前安全处置操作所需的时间；E——完成撤离剩余人员到安全地带所需要的时间；C——完成处理突发事件所需要的时间；v——台风移动的速度，预计的最大移动速度］。

根据南海东部海域《油田防台风应急预案》，目前台风应急共分为四个阶段，包括：

第一阶段：观察准备。一旦气象公司向油田作业区发布可能影响油田的热带气旋警报，并且该热带气旋中心或者50节（10级）风的前沿在设施600n mile绿色警戒区以外，或者热带气旋中心或者50节

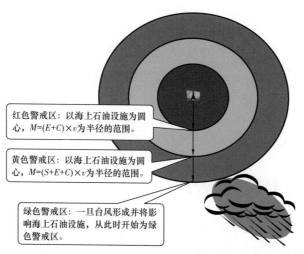

红色警戒区：以海上石油设施为圆心，$M=(E+C)\times v$ 为半径的范围。

黄色警戒区：以海上石油设施为圆心，$M=(S+E+C)\times v$ 为半径的范围。

绿色警戒区：一旦台风形成并将影响海上石油设施，从此时开始为绿色警戒区。

图 3-1　台风警戒区划分图

（10级）风的前沿进入设施红色警戒区的预报时间在96h以上，则作业区应该考虑宣布台风应急的第一阶段。

第二阶段：撤离非生产必要人员。一旦强热带风暴中心或者50节（10级）风的前沿进入设施600n mile绿色警戒区内，或者将于96h后进入红色警戒区内时，作业区应该考虑进入台风应急的第二阶段，开始撤离设施上的人员，并发布相关的应急通告。

第三阶段：关闭设施并全部撤离。一旦强热带风暴中心或者50节（10级）风的前沿进入设施450n mile黄色警戒区内，或将于24h后进入红色警戒区内时，作业区应当宣布台风撤离的第三阶段，并安排停产和关闭设施，撤离全部剩余人员。

第四阶段：恢复生产。可以看到，根据目前习惯做法，把热带气旋警报的热带气旋中心或者50节（10级）风的前沿作为判断台风运行轨迹的标准。为了给台风模式生产条件下，在台风到达油田设施之前关停置换留出足够的时间，建议以气象公司预报强热带风暴、台风中心或者50节（10级）风的前沿进入红色警戒圈（250n mile）为超限工况判定条件之一。

以上判断超限工况的基础是气象部门的预报数据，为了避免预测数据作为判断依据的不可靠性，建议增加以现场环境监测数据作为另外一项超限工况条件。如果油田现场环境监测设备监测数据超过原设计操作工况设计环境条件，建议实施油田生产关停。

以某油田群为例，平台的设计操作环境条件和设计风暴环境条件见表 3-1；FPSO 的设计环境条件，操作工况为 500 年一遇季风条件，见表 3-2；极端工况为 500 年一遇台风条件，见表 3-3。

表 3-1　平台的设计操作环境条件和设计风暴环境条件

设计环境条件	名称	单位	数据
操作	重现期	a	1
	波高	m	12.7
	波周期	s	11.3
	风	m/s	28.5
	流（表层）	cm/s	111.7
	流（中间）	cm/s	98.1
	流（底层 +1m）	cm/s	64.8
风暴	重现期	a	100
	波高	m	22.3
	波周期	s	13.8
	风	m/s	50.1
	流（表层）	cm/s	192.4
	流（中间）	cm/s	154.1
	流（底层 +1m）	cm/s	94

表 3-2　FPSO 设计环境条件（操作工况）500 年一遇季风环境条件

环境条件		重现期 /a
		500
风	3s	32.9m/s
	5s	32.0m/s
	1min	27.6m/s
	2min	26.5m/s
	10min	23.4m/s
	30min	22.6m/s
	1h	21.9m/s
波	H_s/m	7.5m
	H_{max}/m	12.9m
	T_z/s	8.9s
	T_s/s	10.7s
	T_m/s	11.3s
	T_p/s	12.0s

表 3-3　FPSO 500 年一遇台风环境条件

风向	波			风（1h）U_w/（m/s）	流（表层）U_c/（m/s）
	H_s/m	T_p/s	γ/-		
N	10.6	11.4	1.9	37.0	1.74
NE	13.1	14.1	1.9	39.3	2.10
E	14.2	15.2	1.9	46.0	2.32
SE	12.0	12.8	1.9	43.7	2.24
S	10.6	11.4	1.9	43.9	1.74

风向	波			风（1h）	流（表层）
	H_s/m	T_p/s	γ/-	U_w/（m/s）	U_c/（m/s）
SW	10.6	11.4	1.9	38.6	2.24
W	10.6	11.4	1.9	37.7	1.74
NW	10.6	11.4	1.9	38.3	1.74

　　FPSO 动态立管设计正常操作环境条件按照百年台风工况，设计较为保守。综合考虑已有平台、FPSO、立管的设计操作环境条件，建议 $H_s \leq 7.0$m；风速 10 级作为现场监测环境数据关停的一个推荐值。

　　其他必不可少的超限工况限制条件还包括舱容、FPSO 的摇摆度、通信中断时间、溢油、火灾、泄漏、关键设备故障、工艺参数超限等各种因素。

　　综合以上，初步推荐以下作为该油田群台风模式生产试用的超限工况，台风生产模式下如果达到如下操作条件其中之一，将远程遥控主动关停生产：

　　（1）气象公司预报强热带风暴、台风中心或者 50 节（10 级）风的前沿进入红色警戒圈（250n mile）；

　　（2）现场实测环境条件超过原设计操作工况设计环境条件（$H_s \leq 7.0$m；风速 10 级）；

　　（3）FPSO 的单边摇摆度超过 10°（根据现场操作经验）；

　　（4）海陆通信中断超过 10min（系统逻辑自动触发）；

　　（5）FPSO 达到 90% 舱容或满载吃水；

　　（6）陆地监控发现有溢油、火情、可燃气泄漏或其他异常工况；

　　（7）现场监测到异常工况，如火灾、可燃气泄漏、关键设备故障、工艺参数超限等。

后续根据台风生产模式的设计及安全分析、现场调试和台风测试的实际情况等又进一步进行了优化和提升。

3.2　高凝油停产置换方案

根据前文所述,油田停产时海管、井筒及工艺管线凝固的风险是台风自控项目建设的主要系统风险,需专题研究予以解决。下面,以其中一个油田群为例进行方案研究。

3.2.1　油田群目前海管运行状况

此油田群目前为三条海管,分别为 A 平台到 B 平台(图 3-2)、B 平台到 FPSO(图 3-3)、C 平台到 FPSO(图 3-4)。

三条海管目前运行主要参数见表 3-4 和表 3-5。

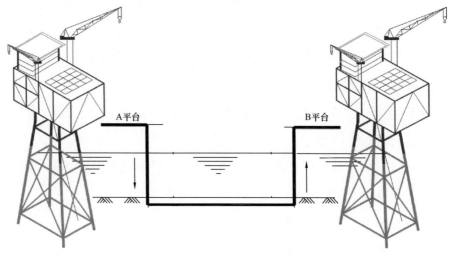

图 3-2　A 平台到 B 平台海管

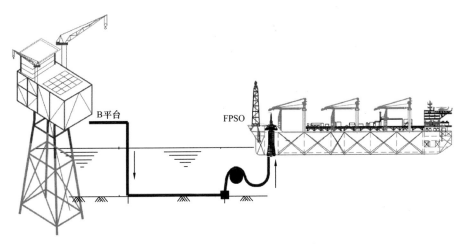

图 3-3　B 平台到 FPSO 海管

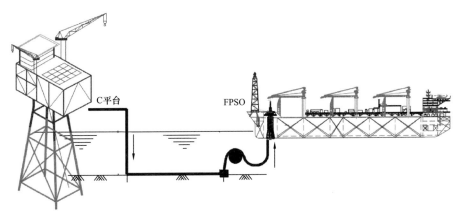

图 3-4　C 平台到 FPSO 海管

表 3-4　海管压力、温度、含水率表

海管	压力 /MPa		温度 /℃		目前海管含水率 /%
	入口	出口	入口	出口	
A 平台到 B 平台	1.19	0.67	69.7	60	48.0
B 平台到 FPSO	0.64	0.47	88.6	68.8	28.6
C 平台到 FPSO	0.65	0.47	84.3	68.8	5.0

表 3-5　海管原油特性表

平台	原油凝固点 / ℃	原油黏度（50℃）/（mPa·s）	原油密度（15℃）/（10³kg/m³）	含蜡量 / %	析蜡点 / ℃
A 平台	<-15	403	0.9547	10.0	<-15
B 平台	26	7	0.8437	23.0	34
C 平台	26	4	0.8180	12.2	28
油田混合原油	23	8	0.8495	13.7	31
海床最低温度 /℃	15				

3.2.2　A 平台置换方案研究

A 平台原油凝固点较低（小于 -15℃），原设计中考虑置换流程主要是为了减少复产的难度和时间。建议台风模式下，在正常生产基础上提高含水率输送，以提高管道安全停输时间。由于 FPSO 上设施处理能力的限制，可统筹各平台外输管道输量，以给出 A 平台至 B 平台混输管道输量。台风置换流程与原设计流程一致，但为确保远程遥控置换，相关流程关断阀（SDV）需远程复位，手动阀门改造为远程控制阀门，一旦出现遥控置换故障，复产时可启动顶挤。A 平台置换流程如图 3-5 所示，方案见表 3-6。

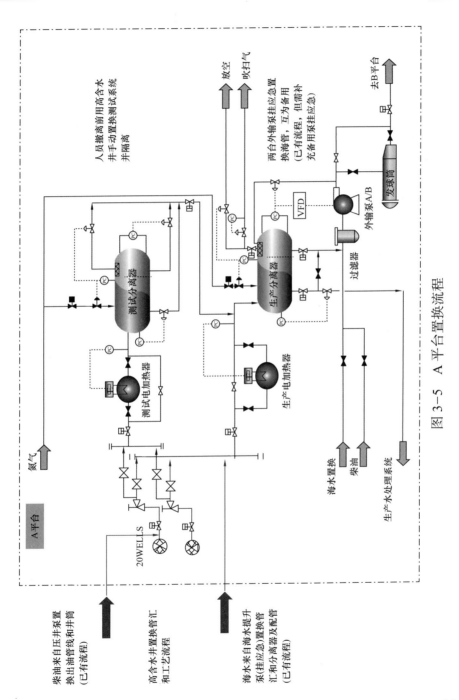

图 3-5　A 平台置换流程

表 3-6 A 平台置换方案

流程和装置	置换方案		
	主发电机正常工作工况	主发电机关停，应急机远程启动	主发电机、应急机都无法工作
单井测试管汇、测试分离器及相关管线	在人员撤离前手动置换完毕，将测试系统进行隔离		
出油管线	利用压井泵驱动柴油进行置换		不置换
井筒置换			
生产管汇和生产分离器置换	利用高含水井置换	利用海水提升泵驱动海水置换	不置换
海管置换	利用高含水井＋外输泵置换	利用海水提升泵＋外输泵置换（两台外输泵挂应急）	不置换

3.2.3 B 平台置换方案研究

B 平台原油凝固点为 26℃，参考原设计起输温度、出口温度、安全停输时间，建议台风模式下，在正常生产基础上提高含水率输送，以提高管道安全停输时间。由于 FPSO 上设施处理能力限制，可统筹各平台外输管道输量，以给出 B 平台至 FPSO 混输管道输量。台风置换流程与原设计流程一致，为确保远程遥控置换，相关流程 SDV 阀需远程复位，手动阀门改造为远程控制阀门；新增独立安全联锁（SIS）置换控制系统，新增电池间，满足在应急机无法启动工况，维持通信系统和新增 SIS 控制系统供电 8h 能力；新增一台仪表风储罐，维持置换期间，仪表风系统耗气量。B 平台置换流程如图 3-6 所示，方案见表 3-7。

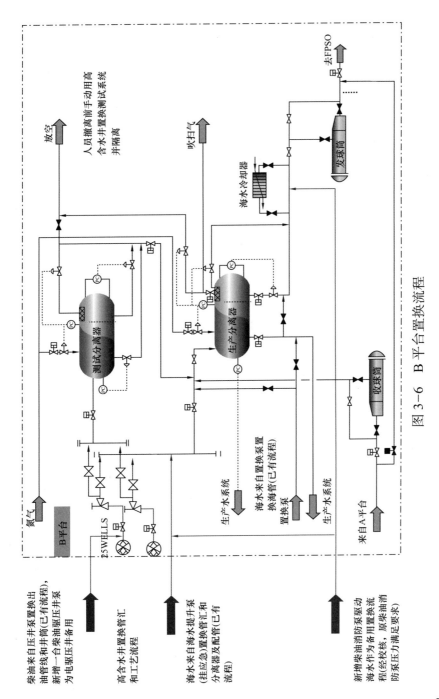

图 3-6　B 平台置换流程

表 3-7　B 平台置换方案

流程和装置	置换方案		
	主发电机正常工作工况	主发电机关停，应急机远程启动	主发电机、应急机都无法工作
单井测试管汇、测试分离器及相关管线	在人员撤离前手动置换完毕，对测试系统进行隔离		
出油管线	利用压井泵驱动柴油进行置换		新增一台柴油驱压井泵作为备用，独立控制系统
井筒置换			
生产管汇和生产分离器置换	利用高含水井置换	利用海水提升泵驱动海水置换	利用柴油驱消防泵驱动海水置换，独立控制系统
海管置换	利用高含水井置换	（1）利用 A 平台海管来水置换；（2）利用海水提升泵 + 置换泵驱动海水置换	利用柴油驱消防泵驱动海水置换，独立控制系统

3.2.4　C 平台置换方案研究

　　与 B 平台类似，C 平台原油凝固点为 26℃，参考原设计起输温度、出口温度、安全停输时间，建议台风模式下，在正常生产基础上提高含水率输送，以提高管道安全停输时间。由于 FPSO 上设施处理能力限制，可统筹各平台外输管道输量，以给出 C 平台至 FPSO 混输管道输量。台风置换流程与原设计流程一致，为确保远程遥控置换，相关流程 SDV 阀需远程复位，手动阀门改造为远程控制阀门；新增独立 SIS 置换控制系统，新增电池间，满足在应急机无法启动工况，维持通信系统和新增 SIS 控制系统供电 8h 能力；新增一台仪表风储罐，维持置换期间，仪表风系统耗气量。C 平台置换流程如图 3-7 所示，方案见表 3-8。

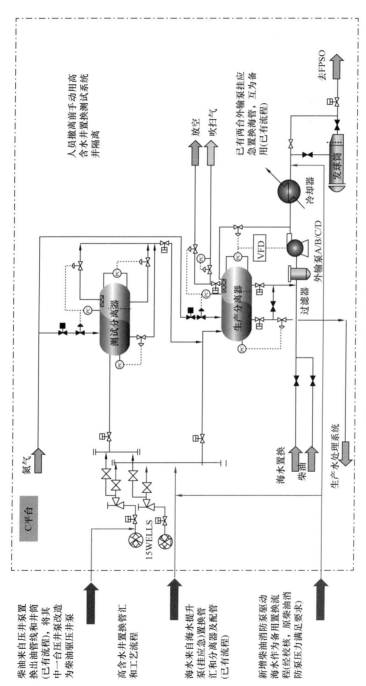

图 3-7　C 平台置换流程

表 3-8　C 平台置换方案

流程和装置	置换方案		
	主发电机正常工作工况	主发电机关停，应急机远程启动	主发电机、应急机都无法工作
单井测试管汇、测试分离器及相关管线	在人员撤离前手动置换完毕，对测试系统进行隔离		
出油管线	利用压井泵驱动柴油进行置换		新增一台柴油驱压井泵作为备用，独立控制系统
井筒置换			
生产管汇和生产分离器置换	利用高含水井置换	利用海水提升泵驱动海水置换	利用柴油驱消防泵驱动海水置换，独立控制系统
海管置换	利用高含水井＋外输泵置换	利用海水提升泵＋外输泵驱动海水置换（两台外输泵挂应急）	利用柴油驱消防泵驱动海水置换，独立控制系统

3.2.5　FPSO 置换方案研究

利用 B 平台和 C 平台置换海水置换 FPSO 工艺系统（已有流程）；利用生产水舱生产水置换工艺系统（已有流程），生产水舱泵增设远程遥控启停功能，液压系统挂应急电；工艺系统阀门实现远程控制；电脱增压泵实现远程启停；为确保远程遥控置换，相关流程 SDV 阀需远程复位，手动阀门改造为远程控制阀门。FPSO 置换流程如图 3-8 所示，方案见表 3-9。

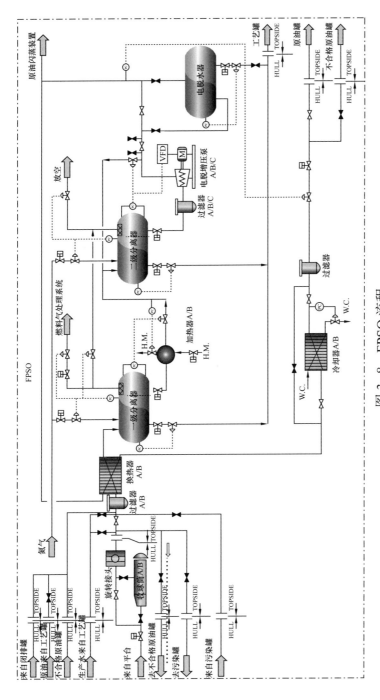

图 3-8 FPSO 流程

TOPSIDE：上部处理模块；HULL：船舱

表 3-9　FPSO 工艺系统改造方案

流程和装置	工艺系统改造方案
燃料油系统	在人员撤离之前进行置换，隔离，电站改由柴油发电，在人员撤离之前确保柴油舱内柴油量充足，保证 7 天柴油发电用量
柴油舱泵	实现远程遥控启停功能，为发电机日用罐补充柴油
海管来液置换流程	进行海管置换时，海管中置换出的物流进入分离器进行脱气，然后再下 SLOP 舱储存，尽可能减少原油下舱后出气。同时利用海管来液置换工艺流程
利用水舱生产水置换流程	生产水舱泵增设远程遥控启停功能，舱底泵液压系统一台小排量液压泵挂应急电
电脱给料泵	实现远程切泵，泵挂应急电，对泵及泵入口和出口阀门进行改造

3.3　FPSO 摇摆对工艺设备影响分析

根据现场操作经验，将 FPSO 的单边摇摆度超过 10°定义为超限工况之一。台风来临之前，海上一般风浪较大，远程遥控模式下，FPSO 摇摆很有可能成为触发生产关停的首要因素。FPSO 摇摆造成分离器液位晃动，恶化处理效果，引起产品不达标或者分离器液位紊乱，从而造成调节阀失效，甚至液位高高或者低低关断。

主要解决方案为：

（1）按照 FPSO 现场实际晃动监测数值，开展分离器动态模拟，如图 3-9 所示。

（2）分离器内部增加稳流隔板，通过数值模拟开展隔板安装方案优化设计，如图 3-10 所示。

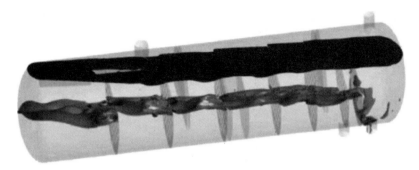

图 3-9　分离器动态模拟

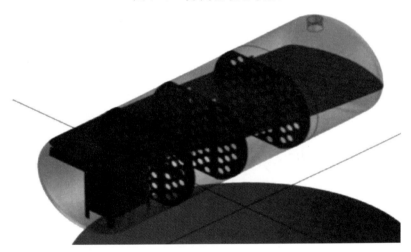

图 3-10　分离器内稳流隔板

（3）射频导纳物位控制技术应用。对 FPSO 液位计进行改造，应用射频导纳物位控制技术，解决传统浮子式液位计受物料密度变化影响准确度的问题和垂直安装的传感器根部挂料问题，能适应船体一定的摇摆工况。

（4）分离器增加多点液位分析系统，提升分离器智能化水平。通过历年的历史数据分析，FPSO 分离器和电脱等对船体摇摆比较敏感，从而容易出现瞬时或离散的突变数据。因此为了避免数据失真，增加多点液位分析系统，通过中控系统增加数据分析模块实现数据整理和甄别，筛除个别突变和失真数据，既大大降低了关停概率，又使液位数据等更加直观可用。

3.4 通信系统升级改造方案

3.4.1 通信链路现状

远海海域油田内部各个生产设施之间通常通过海底复合光缆实现数据通信的互联互通；海陆通信由两套网络组成，一套为卫星通信网络，另一套微波通信网络。

3.4.2 工控远程操控实现

目前海陆之间有三种工控远程操控模式：远程桌面模式、远程操作站模式和 IP KVM 模式。

（1）远程桌面模式：在陆地中控室使用电脑终端通过远程桌面的方式登录平台上的一台操作站，实现远程操作生产系统。目前白云作业区某平台采用远程桌面模式实现台风模式生产系统的远程控制，在模拟台风模式测试中，中控系统操作时平均流量 80~90kbps，根据操作的指令不同，测试时间 48h 内，测试的突发最高流量约 112.78kbps，整个中控远程操作平台过程中，操作流畅，时延约为 2~3s，仅略有阻滞感。

（2）远程操作站模式：在陆地中控室使用远程操作站直接控制平台上的生产系统。目前白云作业区某平台采用远程操作站模式实现台风模式生产系统的远程控制，在模拟台风模式测试中远程控制中控 DCS 系统，中控数据保持在 200k 左右，相关操作人员反映操作延时在

1～2s 左右，可以正常操作平台相关系统。

（3）IP KVM 控制模式：远程 KVM 控制是通过复制海上平台中控工作站和操作站显示器、键盘、鼠标到 IP KVM 设备，将键盘、显示器和鼠标的接口中捕获的模拟信号，转换成数字信息包，经过加密和压缩，在网络中利用 TCP/IP 连接进行安全传输，从而实现对海上平台中控工作站和操作站的远程控制。IP KVM 模式与远程桌面模式类似，没有生产数据的实时传输，占用带宽与远程桌面相当，目前这种远程控制方式在番禺作业公司和陆丰油田都有应用案例。

以上三种模式经过测试，目前的卫星链路带宽条件下都能满足通信要求。

3.4.3　工控网改造原则

在台风模式下，为了保证陆地远控中心与海上平台之间生产数据传输的安全性及可靠性，以海陆链路直达通信作为远程操控工控网的专属传输通路，同时采用 IPSec VPN 隧道方式对生产数据进行加密传输，实现海上各个工控分支站点与陆地自控远控中心之间安全、有效地互联互通。

以某油田群为例，工控网络如图 3-11 所示，在此原则下，将对陆地与海上工控网进行工控网络和安全环境配套建设，在保障工控系统安全的基础上，满足网络安全等级保护二级标准，实现台风模式下陆地对海上生产设施工控系统的远程监控和操作。

具体部署如下：

（1）海陆间采用现有的卫星通道独立传输工控数据，实现与办公网的通信链路物理隔离，同时油田群内多条链路互为通信备份。

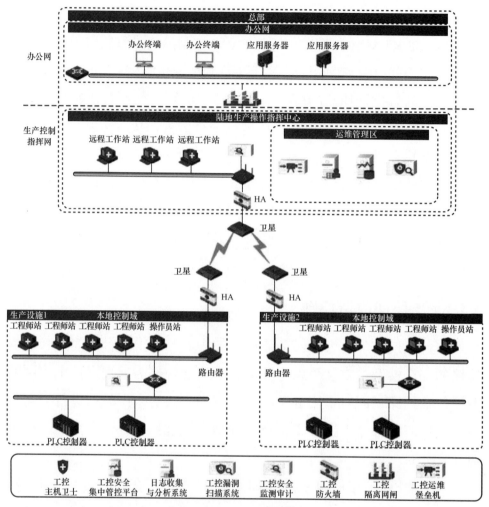

图 3-11　工控网络图

（2）陆地办公室生产操作指挥中心和生产设施工控网络独立建设后，在各网段的网络交换机中通过 MAC 地址控制实现计算机接入管理，各设备手工分配 IP 地址。

（3）海陆卫星通信链路的海上设施端和陆地生产操作指挥中心部署工控防火墙，采用 VPN 隧道加密进行数据传输，解决数据传输过程中的数据来源可靠性、数据完整性、数据机密性的要求。上述防火墙、路由器全部采用双机热备的模式，实现高可用性（HA）。

（4）在陆地生产操作指挥中心部署工控隔离网闸，实现工控网络至陆地办公网络的单向数据传输，在保障网络安全的基础上为 MES 等系统提供工控网络向办公网络的单向数据传输。

（5）在陆地生产操作指挥中心的运维管理区域内部署安全集中管控平台，通过生产系统网络链路，对全网安全设备、网络设备、主机及控制设备等进行安全管理，监测整个生产系统网络环境内的异常情况告警、资产配置变更、运行状况。实时掌握工业控制系统网络情况，及时定位问题根源，真正实现安全技术层面和管理层面的结合，全面提升用户生产控制网络的信息安全保障能力。

（6）在陆地指挥中心与各生产设施旁路部署工控安全监测审计系统。一是通过配置网络白名单策略对网络通信操作指令行为进行合规性检测，防止非授权指令的下发，避免功能码被非法篡改。二是基于内置入侵特征库，对访问及控制过程具有恶意的攻击实现检测及告警，防止恶意的攻击行为入侵控制系统进行攻击破坏，保证现场生产控制系统运行安全。同时，系统具备行为安全监测审计功能，对本地 HMI用户的误操作、异常操作、关键操作、违规下发指令、参数修改行为及交换机上的实时流量进行监测和记录，为安全事故调查取证提供数据支撑。

（7）在生产控制网远程中控室和本地控制室中的数据库、工程师 /操作员站、应用服务器部署工控主机卫士系统。实现主机自身安全和业务应用运用环境安全方式为：①通过白名单策略，将主机中可信的应用程序、进程等可执行文件加入白名单，阻止一切恶意程序、病毒木马，以及与业务无关的软件运行；②通过对 USB 接口进行只读、只写、禁止三种权限限制，控制终端用户对移动存储设备，包括 U 盘、移动硬件、手机等滥用行为。防止病毒通过 U 盘、手机无线网等进入主机，并扩散到网络中。

（8）在陆地生产操作指挥中心的运维管理区域中部署工业漏洞扫描系统，在控制设备上线需对设备进行安全检测，一经发现有漏洞、安全配置不当等安全问题，及时采取安全措施进行修复，减少黑客可利用对象，提升工业主机的安全性，降低生产网络安全风险。

（9）在运维管理区部署一套集中的日志收集和分析系统，通过被动采集（SYSLOG、SNMPTRAP）或主动采集（监测、Agent）的方式对生产控制网所有网络设备、工控机设备、安全设备、安全软件管理平台等所产生的日志数据进行统一采集、存储、分析和统计，为管理人员提供直观的日志查询、分析、展示界面，并长期妥善保存日志数据以便需要时查看。保证审计记录的留存时间符合法律法规要求。

（10）在陆地运维管理区部署远程运维堡垒机，对各系统运维人员进行资源授权，权限分配，有效防范第三方维护人员对非授权设备的操作，并对运维操作进行记录。同时通过策略配置，可以对正在操作的违规流量进行有效阻断，使运维行为对事后发生的问题能够准确定位。

3.4.4 办公网改造原则

油田群海陆间采用多条到岸散射／微波通信网络独立传输办公网数据（生产办公应用、邮件、IP 语音／视频会议、视频监控等），实现办公网与工控网（卫星通信）通信链路物理隔离，同时将多条到岸散射／微波通信链路设为互为热备方式，到岸散射为主链路，到岸微波为备链路（台风期间，该链路可能会因为其他跨接平台微波链路断电而停用）。

3.4.5　视频监控系统改造原则

考虑到台风期间，陆地视频监控中心能尽可能多地调用海上视频图像（1 路标清 720P 视频传输时需要的带宽至少为 1～3Mbps/s），先将海上视频图像进行压缩编码（码流压缩比可调最高达 10∶1），后通过办公网传回陆地，以减少视频流占用的海陆间网络带宽。同时陆地视频监控中心新增视频网络存储服务器和流媒体服务器（转发 / 分发），实现陆地对海上设施视频图像的集中远程监控。视频监控系统如图 3-12 所示。

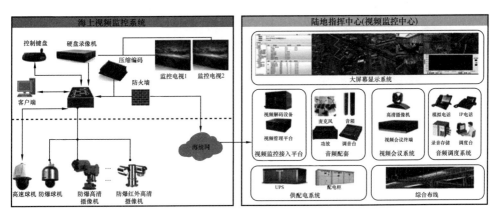

图 3-12　视频监控系统图

海上视频图像压缩前后效果、占用带宽测试对比，如图 3-13 所示。

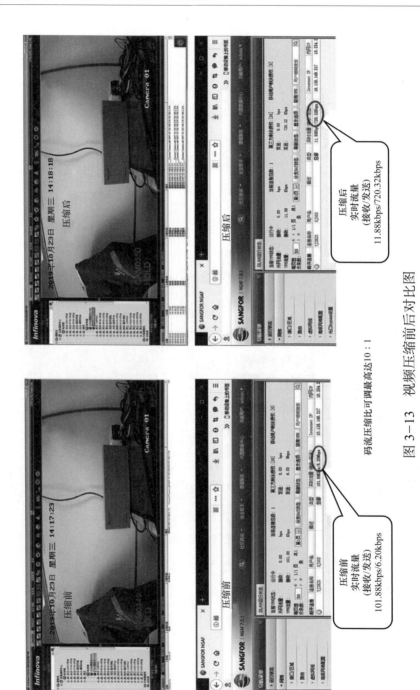

图 3-13　视频压缩前后对比图

第4章 自控系统建设设计

海上设施的自控系统建设能够提升作业区的抗干扰水平,在台风干扰时将系统转换为无人值守生产模式,在保障安全可靠的前提下,提高平台自动化程度和远程监控水平,增强远程控制能力。在人员避台撤离后,风浪海况条件在允许范围内时(台风中心到达油田之前),通过自控系统控制进入无人值守生产模式,远程遥控海上设施保持生产,在超限工况下,也可对油田实施远程遥控或自动关停;生产人员通过自控系统远程遥控进行生产作业,可减少因避台引起的产量损失。

4.1 设计要求

无人值守生产模式(台风模式)是指人员避台撤离后,在台风中心到达油田之前或者不经过油田,风浪海况条件在一定范围内以及现场生产条件正常的情况下,通过陆地远程遥控海上设施在台风模式下生产的非常规生产模式,持续时间一般不超过 7 天。

应根据设施的具体情况进行研究分析,明确是否具备条件实施台风生产模式改造,应充分评估设施现状和风浪海况条件,如超强台风临近油田不宜采用台风生产模式;实施台风生产模式应遵循公司防台风应急预案中的相关规定和要求,设施改造应该遵循相关国际公约、国内法规、入级船级社的要求。

台风生产模式设计应以安全、环保、可靠为前提,优先选择自动化程度高、维护工作量少的技术和设备；具备远程遥控功能的系统与设备均应设有就地／远程控制模式转换功能。各系统配置远程操作站，远程方式根据海陆通信带宽情况考虑。

应明确油田超限停产工况，至少包含台风中心到达油田的时间、现场环境条件限值、油舱装载率、船体与单点系泊系统状态、设施现场异常工况、通信中断时间等因素。

4.2 设计原则

（1）设定台风模式最长生产时间。

（2）设定台风自控模式下海上设施生产关停后考虑远程复产的特殊工况。

（3）需要考虑三种工况下的安全关停方案：

① 主发电机正常工作工况；

② 主发电机关停，应急机远程启动；

③ 主发电机、应急机都无法工作。

（4）设定台风自控模式下海上设施生产关停后是否考虑远程压井作业。

（5）台风自控模式下海上设施主发电机停机后不考虑远程重启。

（6）台风自控模式下海上设施生产关停后需进行远程手动／自动海管置换作业。

（7）应具备远程操控单井测量、提液的能力。

（8）应考虑平台的修井工况。

（9）工艺生产参数（压力、温度、液位、流量、关断／放空阀状态）、消防泵、置换泵、压井泵及应急机状态监测、电气盘柜状态监测、房间暖通空调系统（HVAC）状态监测。

（10）在电气房间、应急机间、生产区、平台周边海域、防登平台处增加摄像头。

（11）自动倒井计量，开 / 闭排泵的远程启停，消防灭火系统的远程启停，远程置换，远程压井，暖通设备远程启停，具备远程遥控复产（非本平台故障引起的关停）。

（12）通信带宽满足远程监测和遥控要求。

（13）增加防外部人员登临平台监控与防护措施。

（14）平台人员登平台以乘直升机的形式为主，但需要保留乘船登平台的路径。

（15）平台应考虑防渔船停靠和外来人员登平台的措施。

（16）平台需保留原有救逃生设施。

（17）对于老平台无人化改造，应尽量减少改造工作量和改造费用，通过自控系统改造后降低平台操作费，提高油气田的经济效益。

4.3　设计基础

（1）配产数据。

待改造单位各年度的年产、累产、年均日产的油水液气数据。

（2）环境参数。

①风浪数据；

②水位数据；

③空气温度；

④海水温度（表层海水温度、底层海水温度）。

（3）环境监测系统。

①气象站系统运行情况；

②测波雷达运行情况；

③ 数据传输情况；

④ 台风实测数据情况。

（4）油品特性。

① 析蜡起始温度；

② 析蜡高峰温度；

③ 凝固点；

④ 20℃下油品密度；

⑤ 倾点；

⑥ 含蜡量；

⑦ 胶质含量；

⑧ 沥青质含量；

⑨ 原油实沸点数据；

⑩ 混合原油黏温关系。

（5）海管参数。

① 海管长度；

② 海管尺寸；

③ 海管绝对粗糙度；

④ 海管总传热系数；

⑤ 海管原设计参数。

（6）工艺流程现状。

① 正常生产工况；

② 应急工况。

（7）总图布置现状。

（8）通信现状。

（9）台风模式现状。

4.4　平台设计

4.4.1　工艺

（1）重要的生产流程及设备上的压力、温度、液位、流量等参数应具备远程监控。

（2）平台上部组块原油处理系统及原油主机供油系统停产后如需置换，置换流程上的关断阀（SDV）应具备远程开关功能，关键置换流程中的泵类设备应具备远程启停功能和状态显示功能，段塞流捕集器、分离器、电脱水器等顶部宜设置远程遥控补充氮气流程。

（3）平台到油轮的海管如需置换，应配置不同动力源的置换泵，不同的工况采用不同的置换泵，并考虑启泵的需要，如憋压启泵、软启动启泵、变频器启泵等。

（4）公用风 / 仪表风系统应具备远程启停功能和压力监测功能，并由应急电源供电，湿气储罐应设置自动排水功能或远程手动排水功能。

（5）氮气系统应具备远程启停功能和压力监测功能，并由应急电源供电，湿气储罐应设置自动排水功能或远程手动排水功能。

（6）化学药剂系统应具备远程启停功能，遇海水会絮凝的药剂的注入口应设置隔离阀，黏稠度较高的药剂宜设置远程置换功能。

（7）生产水系统入口应设置关断阀并具有预测控制功能，防止上游烃类物质窜入生产水系统造成溢油，排海口处应配置外排水水中含油在线分析仪并具备实时数据远传功能。

（8）海水系统的用户应能够远程控制开关，以满足海管置换的用水量。

（9）配置有原油发电机的设施，撤台期间推荐使用柴油发电，柴油系统应具备远程操作功能，如柴油泵远程启停、路径上的关断阀应具备远程开关功能。

（10）应急机、台风机以及柴消泵的柴油储罐手动速闭阀应更换为可远程操作的速闭阀。

（11）开排泵应具备远程启停功能，以满足定期操作的需求。

（12）对于凝固点高于海底最低温度的原油应在停输后考虑海管置换，为确保海管安全，宜考虑台风期间增加降凝剂的注入。

（13）为确保高含气平台安全，需实现远程吹扫分离器氮气覆盖。

（14）火炬系统应具备远程点火功能，放空管线需实现远程惰气吹扫。

（15）闭排系统污油输送泵应具备远程启停功能，以避免闭排罐液位过高，导致生产关停。

4.4.2　安全

（1）固定式气体灭火系统应具备远程释放和抑制功能，并配有防误触措施。

（2）未配置固定自动灭火系统的电气房间宜配置临时非窒息性气体自动灭火装置。

（3）雨淋阀应具备远程手动触发喷淋和远程抑制喷淋或复位功能。

（4）消防泵在台风期间宜具备远程启停功能，便于陆地远程操控使用。

（5）生产区的动设备等重点区域宜配置自动消防炮。

（6）生产区新增或配置有固定灭火系统的电气房间应配置具有远程释放和抑制功能，并配有防误触措施的固定式气体灭火系统。

（7）冷放空管线配置的二氧化碳灭火系统应具备远程控制释放功能，放空管尾部应设计有发生火灾的状态监控。

4.4.3 机械

（1）关键设备宜具备在线状态监测功能，监测信号具备远传功能。

（2）主发电机应具备远程停机和急停功能及状态监测功能。

（3）应急发电机除已具备的自启动功能外，宜设置手动启动方式。

（4）台风发电机机宜具备手动启动功能。

（5）透平发电机应具备远程停机和急停功能，在有电工况下，为减少透平发电机磨损，宜设置发电机的后润滑和慢盘车等停机步骤。

4.4.4 暖通

（1）关键电仪房间应设置温度、湿度传感器，实现远程监测。

（2）划分为危险区域的电气间应设置差压传感器，实现远程监测与报警。

（3）关键电气间，如中控室、交流不间断电源（UPS）间、应急开关间等宜配置除湿器。

（4）主机房、变压器间等依靠风机通风散热的房间，风机应具备远程启停功能。

（5）中央空调应具备远程启停以及必要的调节、参数设置功能。

（6）应急置换工况下有设备运行的房间内的分体空调应具备远程重启功能或上电自启动功能。

（7）为避免台风期间房间进水，所有房间的进、排风口均应采取防雨水措施。

4.4.5 电气

（1）应设置能量管理系统（EMS）或电源管理系统（PMS）操作站。

（2）低压盘各母排段宜设置绝缘监测，实现远程监测。

（3）UPS宜配置在线监测装置对蓄电池状态进行远程监测。

（4）如有通信失联自动置换平台到油轮之间的海管的需求，UPS供电时长应能满足置换时间要求。

（5）需要远程分合闸的低压断路器配置电动操作机构，信号接入电源管理系统。

（6）需要远程启停的电机，改造二次回路，增加相应的信号接点，信号接入中控系统。

（7）需要远程分合闸的并且需要手动储能的空气断路器（ACB）/真空断路器（VCB）宜更换为自动储能断路器。

（8）UPS的电池开关宜具备欠电压脱扣功能，防止电池过度放电。

（9）可考虑将钻井模块的发电机作为组块的备用应急机，实现钻井模块向生产组块的反送电。

4.4.6　仪控

（1）配置陆地远程操作站，包括中控系统、电力系统、主机系统的操作站，操控方式根据各设施中控品牌型号及海陆通信带宽确定。

（2）如有海管置换的需求，宜设置海管专用控制系统，在通信失联情况下自动触发设施关停及海管置换。

（3）关键路径上的气控阀门推荐使用双电磁阀的冗余设计模式。

（4）新增远程开关阀应配置手轮。

（5）生产流程上无法隔离或旁通的远程开关阀应配置部分行程测试功能。

（6）推荐配置非接触式溢油监测系统，实时监测海面是否存在溢油的情况。

（7）油田群内部宜配置时钟同步服务器。

（8）为延长通信失联工况下海管置换专用系统的运行时间，原中控系统与海关置换、海陆通信、设施之间通信无关的系统和设备，宜甩负荷，以便减少 UPS 的负荷。

4.4.7 通信

（1）工控网和办公网应分离，工控网可采用到岸卫星通信，办公网和闭路监控系统（CCTV）可采用到岸散射微波系统，卫星和微波的带宽根据数据传输量确定，需要考虑一定的富余量。

（2）用于工控网海陆通信的卫星链路宜配置冗余链路，其中一条链路中断后，数据传输可自动转移到另一路卫星。

（3）宜采用 IPSec VPN 隧道方式对生产数据进行加密传输，同时配置网络安全防护系统，实现海上各个工控分支站点与陆地远程操控中心之间安全、有效的互联互通。

（4）应配置 CCTV 摄像头覆盖生产区以及公共区。

（5）飞机甲板、钻井井架应设置 CCTV 监控。

（6）重点区域如井口区、生产分离器区域、电脱区域宜设置红外热成像摄像头。

（7）对于光线较暗的区域宜配置带夜视功能的摄像头。

（8）为节省海陆通信带宽的占用，CCTV 系统应配置视频信号压缩设备，视频信号经压缩后再回传陆地。

4.4.8 结构

平台结构校核需要考虑台风模式下生产单元的液量情况。

4.5　油轮设计

4.5.1　工艺

（1）重要的生产流程及设备上的压力、温度、液位、流量等参数应具备远程监控。

（2）上游平台如需置换海管，油轮宜指定专用的船舱，用于盛放上游来液，并且宜设置有不同的下舱路径。

（3）油轮上模原油处理流程停产后如需置换，置换路径上的紧急关断阀（SDV）应能够远程开关操作。

（4）公用风／仪表风系统应具备远程启停功能和压力监测功能，并由应急电源供电，湿气储罐应设置自动排水功能或远程手动排水功能。

（5）氮气系统应具备远程启停功能和压力监测功能，并由应急电源供电，湿气储罐应设置自动排水功能或远程手动排水功能。

（6）化学药剂系统应具备远程启停功能，遇海水会絮凝的药剂的注入口应设置隔离阀，黏稠度较高的药剂宜设置远程置换功能。

（7）配置有原油发电机的设施，撤台期间推荐使用柴油发电，柴油系统应具备远程操作功能，如柴油泵远程启停、路径上的关断阀具备远程开关功能。

（8）应急机、台风机和消防泵的柴油储罐手动速闭阀应更换为可远程操作的速闭阀。

（9）火炬系统点火盘应具备远程复位及点火功能，火炬管汇的氮气吹扫流程应具备远程控制功能。

（10）生产水系统应能够远程操作实现污油回流流程控制及进舱切换功能。

（11）生产水系统入口应设置关断阀并具有预测控制功能，防止上游烃类物质窜入生产水系统造成溢油，排海口处应配置外排水水中含油在线分析仪并具备实时数据远传功能。

（12）生产水处理系统入口应设置关断阀并具备远程控制功能，防止上游烃类物质窜入生产水系统，造成溢油。

（13）生产水处理设备油相出口阀门应设计为远程控制阀门，实现污油回流程或进舱切换功能。

（14）生产水外排出口应设置稳定可靠的在线含油监测并具备实时数据远传功能。

4.5.2　消防安全

（1）固定式气体灭火系统应具备远程释放和抑制释放功能。

（2）未配置固定式自动灭火系统的电气房间宜配置临时非窒息性气体自动灭火装置。

（3）雨淋阀应具备远程手动触发喷淋和远程抑制喷淋或复位功能。

（4）消防泵在台风期间宜具备远程启停功能，便于陆地远程操控使用。

（5）主甲板泡沫灭火系统应具备远程控制功能，宜采用电动或自动消防炮。

（6）生产区的动设备等重点区域宜配置自动消防炮。

（7）冷放空和透气桅管线配置的二氧化碳灭火系统应具备远程控制释放功能，放空管尾部应设计有发生火灾的状态监控。

4.5.3　机械

（1）关键设备宜具备在线状态监测功能，监测信号具备远传功能。

（2）主发电机应具备远程停机和急停功能及状态监测功能。

（3）应急发电机除已具备的自启动功能外，宜设置远程手动启停功能。

（4）透平发电机应具备远程停机和急停功能，在有电工况下，为减少透平发电机损耗，宜设置发电机的后润滑和慢盘车等停机步骤。

（5）锅炉应具备远程停机功能及状态监测功能，在有电工况下，导热油循环泵应考虑在锅炉停机后继续运行 20～30min，避免导热油在炉膛中因高温而结焦。

4.5.4　轮机

（1）机舱应急排水泵应具备远程启动功能，包括舱底日用泵、舱底压载总用泵等。

（2）舱底压载总用泵舷外排海管线应设计为远程控制阀门。

（3）污水井出口阀门宜具备远程控制功能。

（4）主甲板左右舷污水井排放阀应设计为远程控制阀门，收油泵应具备远程启停功能，甲板排水旋塞应更换为电动旋塞。

（5）单点应急排水泵应具备远程启动功能，排水路径上的阀门应能够远程开关操作。

（6）开闭排系统应具有远程操作功能。

（7）清洁柴油应配置液位变送器、远程控制速闭阀，柴油储量应满足台风模式的支持周期要求。

（8）海水门的手动蝶阀应具备远程操作功能。

（9）大舱至透气桅管线总管应设计 SDV 阀，确保在生产关停后，降低大舱原油温降。

4.5.5　暖通

（1）关键电仪房间应设置温度、湿度传感器，实现远程监测。

（2）划分为危险区域的电气间应设置差压传感器，实现远程监测与报警。

（3）关键电气间，如中控室、UPS 间、应急开关间等宜配置除湿器。

（4）主机房、变压器间等依靠风机通风散热的房间，风机应具备远程启停功能。

（5）中央空调应具备远程启停及必要的调节、参数设置功能。

（6）应急置换工况下有设备运行的房间内的分体空调应具备远程重启功能或上电自启动功能。

（7）为避免台风期间房间进水，所有房间的进、排风口均应采取防雨水措施。

4.5.6　电气

（1）应设置能量管理系统（EMS）或电源管理系统（PMS）操作站。

（2）低压盘各母排段宜设置绝缘监测，实现远程监测。

（3）UPS 宜配置在线监测装置对蓄电池状态进行远程监测。

（4）如有通信失联自动置换平台到油轮之间的海管的需求，UPS 供电时长应能满足置换时间要求。

（5）需要远程分合闸的低压断路器应配置电动操作机构，信号接入电源管理系统。

（6）需要远程启停的电机，改造二次回路，应增加相应的信号接点，信号接入中控系统。

（7）需要远程分合闸的并且需要手动储能的空气断路器（ACB）/真空断路器（VCB）宜更换为自动储能断路器。

（8）UPS的电池开关宜具备欠电压脱扣功能，防止电池过度放电。

4.5.7　仪控

（1）配置陆地远程操作站，包括中控系统、电力系统、主机系统的操作站，操控方式根据各设施中控品牌型号以及海陆通信带宽确定。

（2）如有海管置换的需求，宜设置海管专用控制系统，通信失联情况下自动触发设施关停及海管置换。

（3）关键路径上的气控阀门推荐使用双电磁阀的冗余设计模式。

（4）新增远程开关阀应配置手轮。

（5）生产流程上无法隔离或旁通的远程开关阀应配置部分行程测试功能。

（6）为延长通信失联工况下海管置换专用系统的运行时间，原中控系统与海关置换、海陆通信、设施之间通信无关的系统和设备，宜甩负荷，以便减少UPS的负荷。

（7）推荐配置非接触式溢油监测系统，实时监测海面是否存在溢油的情况。

（8）关键位置的液位出现信号跳变产生生产关断，宜采用控制算法滤波或多位置设置液位变送器进行信号比对等方法改善。

（9）中控系统应考虑与第三方系统的通信和数据接口，并配置工控安全和时钟同步相关软/硬件。

4.5.8　通信

（1）油田群内部工控网和办公网应分离，工控网可采用到岸卫星通信，办公网和闭路监控系统（CCTV）可采用到岸散射微波系统，卫星和微波的带宽根据数据传输量确定，需要考虑一定的富余量。

（2）油田群内部用于工控网海陆通信的卫星链路宜配置冗余链路，其中一条链路中断后，数据传输可自动转移到另一路卫星。

（3）宜采用 IPSec VPN 隧道方式对生产数据进行加密传输，同时配置网络安全防护系统，实现海上各个工控分支站点与陆地远程操控中心之间安全、有效地互联互通。

（4）应配置 CCTV 摄像头覆盖生产区以及公共区。

（5）飞机甲板应设置 CCTV 监控。

（6）重点区域如生产分离器区域、电脱区域宜设置红外热成像摄像头。

（7）对于光线较暗的区域宜配置带夜视功能的摄像头。

（8）为节省海陆通信带宽的占用，CCTV 系统应配置视频信号压缩设备，视频信号经压缩后再回传陆地。

4.5.9　船体及系泊系统

（1）撤台前应减少油轮的储油量，用于储存上游平台自动置换来液的舱室液位应尽量降低。

（2）油轮船体操作手册或装载手册中应加入短期无人值守生产模式下装载情况分析结果或推荐装载方式。

（3）船体应配置姿态监测仪，并将信号传回陆地操控中心。

（4）系泊系统（如电滑环、油滑环）宜具备张力测量装置或利用其他监测信息推算系泊缆张力情况，并可传输至陆地操控中心。

4.6 陆地操控中心

（1）宜根据油田群的设施数量以及需要配置的远程操作站数量合理规划操控中心的面积和布置。

（2）宜设置辅操盘和专用控制系统，用于远程触发海上设施应急关断系统（ESD）动作、一键置换及海陆通信状态判断。

4.7 设计案例

下面以恩平、番禺等油田的自控系统建设为设计案例进行自控系统建设设计方案的研究，通过对以上油田现有设施进行适当改造，以达到在陆地实现对海上生产设施（平台、油轮）的远程监控，实现实时监控、远程操作和安全关断。

4.7.1 平台设计

由于平台改造的趋同性，本节选取某钻采平台自控系统建设内容展开说明平台设计，并对部分设计通过某油田的最新改造方案加以补充阐述。

1）工艺

根据油田油品特性，此钻采平台油品凝固点较高，为 26～30℃，油田海床温度夏季在 20℃左右，秋冬季最低温度为 15.9℃。台风期间一旦停产，将存在海管、井筒及工艺管线凝固等风险，故对此钻采平台采用远程井筒压井、海管置换、工艺流程多路选择置换，辅助系统也需配备远程操控。

（1）为保证远程井筒压井及平台管线置换用柴油，改造内容如下：

① 井口采油树改造：将压井流程中的服务翼阀由手动改为远程控

制，地面安全阀和井下安全阀由手动复位改为远程复位，以满足远程压井及出油管线置换；

② 柴油压井流程改造：压井泵由现场启泵改为远程启停，压井泵进出口阀门由手动阀门改为远程控制，新增加一台柴油驱动压井泵作为备用泵；

③ 柴油系统改造：为保证柴油供应，吊机腿储罐出口开关阀（XV）由手动复位改为远程复位，吊机腿储罐和柴油储存方罐的出口球阀均由手动阀门改为远程控制。

（2）为确保工艺流程及海管成功置换，分四种工况进行详细设计：

① 主发电机正常工况：利用海水提升泵驱动海水置换；

② 失主电、应急机启动工况：利用海水提升泵驱动海水置换，也可人为操作利用海水提升泵驱动海水直接置换分离器油相出口；

③ 无主电、无应急电有通信工况：利用柴油驱消防泵驱动海水置换分离器油相出口，独立控制系统；

④ 海陆失联工况：利用柴油驱消防泵驱动海水置换分离器油相出口，独立控制系统。

以上四种工况的置换流程改造设计可总结为有电工况改造和无电工况改造，具体改造内容如下：

① 有电工况改造：

a. 为保证海水供应，海水提升泵增加远程启停，海水去生产管汇流程中的隔离球阀由手动改为远程控制；

b. 将生产管汇及生产分离器流程上的 SDV 阀由手动复位改为远程复位；

c. 生产分离器入口阀、旁通阀、生产分离器底部至闭排罐阀门均由手动改为远程控制；

d. 海管置换流程中置换泵及流程上的阀门由电驱、现场启泵、手动阀门改为远程控制，此钻采平台至 FPSO 海管入口 SDV 及井口平台至此平台海管出口 SDV 均由手动复位改为远程复位。

② 无电工况改造：

a. 柴油驱消防泵增加去生产管汇和外输海管的置换流程；

b. 增加柴消泵远程启动及置换流程远程控制阀门；

c. 为防止海管置换失败，将此工况涉及的改造阀门增加冗余电磁阀。

（3）为满足生产污水处理达标，生产水处理系统相关设备须满足远程控制，改造内容如下：

① 水力旋流器改造：油相出口差压控制阀、水相出口液位控制阀均改为自动控制阀，增加远程复位控制功能；

② 气浮选器改造：氮气入口 SDV 增加远程复位控制功能；氮气至气浮选管线上阀门改为自动控制阀，增加远程开闭功能；气浮油相、水相出口液位控制阀均改为自动控制阀，增加远程复位控制功能；紧凑式气浮循环泵增加远程控制启停功能以便实现主用泵与备用泵之间的切换；

③ 污油回收改造：污油罐氮气入口 SDV 增加远程复位控制功能；污油泵出口球阀、污油泵至生产管汇出口球阀均改为自动控制阀，增加远程开闭功能；

④ 外排水监测改造：更换功能更为精确完善的 OIW 分析仪以保障生产的安全性，并且实现数据远传。

（4）为保障生产和置换的稳定，化学药剂系统要连续注入的流程需满足远程控制，同时为防止海管置换失败，增加降凝剂注入作为防止海管凝管的最后保障，改造内容如下：

①　破乳剂注入流程：破乳剂泵由现场启停改为远程启停；

②　管批剂注入流程：管批剂罐氮气入口 SDV 由手动复位改为远程复位，管批剂泵由现场启停改为远程启停，泵进出口阀门由手动阀门改为远程控制，管道批处理剂去往生产管汇流程中的隔离球阀由手动改为远程控制；

③　增加降凝剂注入流程，降凝剂泵及进出口阀门为远控阀。

（5）由于新增和改造仪表阀门，为保证无人模式下仪表风供应，仪表风 / 公用风系统改造内容如下：

①　新增进出口球阀；

②　新增仪表风罐；

③　空压机由现场启停改为远程启停；

④　干燥塔由现场启停改为远程启停。

（6）为维持台风工况下氮气供应，氮气系统改造内容如下：

①　空压机由现场启停改为远程启停，挂应急；

②　空压机出口阀门由手动阀门改为远程控制；

③　制氮装置、冷干机及加热器由现场启停改为远程启停。

（7）自控模式下火炬意外熄灭需重新点火，为维持火炬燃烧，火炬系统改造内容如下：

①　点火盘由手动复位改为远程复位；

②　氮气吹扫阀门由手动阀门改为远程控制。

2）安全

（1）水 / 泡沫消防系统。

为保证撤台期间，平台水 / 泡沫消防系统能够正常对平台进行消防保护，因此对 3 台消防泵均增加远程控制启停及复位功能。在失主电和失应急电模式下，置换为柴油驱动消防泵维持正常运行。对 2 个雨淋阀均增加远程控制启停及复位功能。

（2）FM200 气体灭火系统。

为保证撤台期间，平台 FM200 气体灭火系统能够正常对平台电气房间进行消防保护，因此对该系统增加远程控制启停及复位功能。

（3）消防管网系统。

为保证撤台期间，平台消防管网系统优先使用及管网压力维持正常状态，因此增加消防管网与海上管网置换管线上的阀门远程启停功能。

（4）补充阐述。

由于后期对自控建设的升级优化，在油田自控系统建设时考虑增加关键动设备远程安全保护，即在原油外输泵区域新增一套自动消防炮系统，自动消防炮可自动扫线，当发现火情时可自动触发，也可以结合 CCTV 视频监控系统，人为手动触发。

3）机械

根据自控系统建设方案设计的要求，升级改造后需要保证机械设备在短期撤台工况下实现无人值守的正常运行，且能够在陆上远程监控中心实时了解设备的运行状态，并根据需要对相应的设备进行远程控制。结合工艺改造需求，此钻采平台主要设备改造内容如下：

（1）新增 1 台柴油驱动泵作为备用压井泵，与已有的 1 台电动压井泵形成 1 用 1 备，新增遥控功能，实现远程压井；

（2）海管目前是利用来液井口平台外输泵（2 台，1 用 1 备）置换，台风模式下原则不变，另外再增加消防泵增加远程遥控功能，实现远程启停机，作为置换备用泵，新增遥控功能，实现远程海管置换；

（3）应急机增加远程遥控功能，实现远程启停机；

（4）海水提升泵增加远程遥控功能，实现远程启停机；

（5）柴油驱消防泵兼做置换泵的备用，新增柴油驱消防泵远程启停，台风模式下实现远程置换；

（6）补充阐述。

基于后期对自控建设的升级优化，结合番禺油田自控系统建设平台改造内容加以补充，补充内容如下：

① 主发电机，需要对主发电机组进行远程停机操控；

② 挑选一台主机增加一台轴承振动及温度监测系统；

③ 柴油驱消防泵，需要对消防泵进行远程启停操控；

④ 电动消防泵，需要对消防泵进行远程启停操控，并需要确认其启动后的工作状态满足设备功能需求；

⑤ 台风发电机，需要对应急发电机组进行远程启停操控，并需要确认其启动后的工作状态满足设备需求；

⑥ 仪表公用气空压机，需要可在主机备机间进行切换，空气压缩机需具备远程启停功能，干燥塔可远程切换；

⑦ 氮气系统空压机，需要可在主机备机间进行切换，空气压缩机需具备远程启停功能，干燥塔可远程切换；

⑧ 原油外输泵，台风模式下需要使用原油外输泵做海管置换，需要对原油外输泵进行远程启停操控，A 泵增加一台软启动器；

⑨ 化学药剂注入泵，属于连续运行工况，在一台泵失效后需远程启动备用泵，因此需要增加远程启停控制；

⑩ 废油回收泵实现中控远程启停；

⑪ 新增淡水和柴油停产后化学药剂置换管线；

⑫ 新增两台降凝剂注入泵，用于避台期间降凝剂的注入。

4）暖通

此钻采平台上设置有主开关间、电潜泵控制间、中控室、应急开关间、储藏间、工作间、电气仪表间、实验室、油漆间、FM200 间、电池间、主变压器间、应急发电机间和 100 人生活楼。其中主开关间、电潜泵控制间、中控室、应急开关间、储藏间、工作间、电气仪表间和生活楼采用集中式空调通风方案。主变压器间、应急发电机间、FM200 间、电池间、油漆间、工具间为非空调机械通风房间。针对自控模式开启，人员撤离后，暖通系统改造如下：

（1）实现重要电仪房间温湿度和压差远程监测功能。

由于组块工作间内电仪设备散热量较大，且台风期间温湿度大，对房间散热除湿需求较大，为保证台风期间电仪设备不会因高温高湿停机导致平台关停，在中央空调故障的情况下需远程启动备用机组，改造中央空调备用机组本地控制盘，并将设备状态和远程启停信号通过硬线传输至中控系统。同时在主开关间、电潜泵控制间、中控室、应急开关间、电气仪表间内增加温湿度变送器等设备以实现实时监测空调房间内温湿度。在主变压器房间内增加温度变送器等设备以实现实时监测房间内温度。

（2）实现暖通系统远程停机功能。

由于电池间、油漆间、实验室内有易燃易爆气体产生，对于上述房间风机要求 24h 运行，当在运行风机发生故障时，需要远程启动备用机组。故将电池间、油漆间、实验室风机、防火风闸接线箱改造为可远程控制接线箱，以增加远程控制信号。并改造相应防火风闸气管线上的电磁阀，以增加远程控制信号和风机防火风闸联锁运行功能。防火风闸电磁阀上有本地复位按钮，需操作人员现场进行复位，改造相应电磁阀的本地复位按钮，以实现就地 / 中控远程控制电磁阀。同时在电池间内增加温度变送器、压差变送器，在油漆间、实验室增加压差变送器，以实现实时监测房间内温度及压差。电池间、油漆间、

实验室内温湿度和 / 或压差变送器为防爆形式。

（3）实现应急工况暖通系统和部分重要暖通设备备用机组远程启停功能。

达到超限工况后，平台远程关停并启动置换。暖通系统（除气动防火风闸外）通过断电即可实现远程关停。气动防火风闸改造本地接线箱和电磁阀可实现远程关闭。置换时，平台应急开关间、中控室、电池间内设备仍需工作，为保证上述房间内设备正常运行，上述房间的暖通系统需实现远程启动。应急开关间、中控室分体空调需改造本地控制盘，并将设备状态和远程启停信号通过硬线传输至中控系统。为保证置换期间消防系统正常运行，FM200 间的风机防火风闸接线箱改造为可远程控制接线箱，以增加远程状态监测和控制功能，并改造相应防火风闸气管线上的电磁阀，以增加远程控制信号和风机防火风闸联锁运行功能。防火风闸电磁阀上有本地复位按钮，需操作人员现场进行复位，改造相应电磁阀的本地复位按钮，以实现就地 / 中控远程控制电磁阀。

（4）对台风期间防止房间进水提出改造建议。

由于存在台风模式期间风、雨、浪过大导致房间进水，设备损坏的情况。建议后期设计中根据平台实际运行经验，在房间进风口处增加滤网、弯头、防风雨帽等防风雨措施，在房间迎风面增加挡风墙，同时在操作流程中强调人员撤台前加强房间门窗密闭性，检查风闸能否正常关闭。

5）电气

油田电气采用电力管理系统（PMS 系统），由陆地电力调度指挥中心统一调度，此钻采平台作为 PMS 子站，需对系统功能做台风模式针对性升级改造，以满足无人模式下陆地对海上运行情况的掌握和远程操作。

同时，台风期间人员撤离平台后，若主电站非计划停机，则平台自动启动应急发电机，以保证置换等应急供电需求。若应急发电机启动失败，则远程启动模块钻机柴油发电机给组块反送电；若模块钻机柴油发电机启动失败，则启动智能自动置换控制系统实现应急置换（期间可启动台风发电机，延长 UPS 供电时间）。电气系统具体改造内容如下：

（1）PMS 子站功能升级改造。

根据工艺和机械改造需求，对相关设备供电开关增加电动操作机构，失主电后应急情况下可通过 PMS 远程复位、合闸恢复供电。此钻采平台需实现应急工况远程恢复供电回路包括：管道批处理剂注入泵、压井泵、空压机、空压机现场控制柜开关、海水提升泵、置换泵、电动消防泵、柴油驱消防泵、组块中央空调 D 机组、FM200 间排风机、电池间排风机、油漆间排风机、UPS、新增 16kV·A UPS、环境监测 UPS、新增电池间风机 A/B、生活楼应急开关间电源、应急照明及小动力变压器。由于其中部分设备不在应急段，为尽量减少应急段改造工作量，需进行反送电改造。

（2）PMS 远程启动台风发电机。

此钻采平台配置 1 台 80kW 台风发电机。考虑到电池供电能力会随着使用时间增加而逐渐降低，PMS 系统增加台风发电机远程启动功能，为 LE2 段母排下 UPS 电池供电，在应急机启动失败时，为现有 UPS 和新增 16kV·A UPS 供电，以延长 UPS 电池工作续航能力。

（3）模块钻机反送电电气改造。

此钻采平台配置模块钻机柴油发电机，且组块应急段与模块钻机 400V 低压母排间已经实现电气互联。自控系统建设后，失主电后为提高应急段供电可能性，对开关进行适应性改造，实现应急工况下模块钻机柴油发电机给组块应急段反送电功能。

（4）UPS 系统改造。

新增一套 18kV·A UPS 在失市电后为智能自动置换控制系统及平台通信设备供电持续供电 9h。智能自动置换控制系统为平台新增，用于在平台没有应急机的时候，利用该控制系统，控制柴油驱压井泵和柴油驱海水泵置换，柴油驱压缩机维持仪表风空气压缩机联控盘。

（5）补充阐述。

不同油田采取的供电系统有所不同，但基本逻辑和改造思路是一致的，现就某油田自控系统建设平台改造内容加以补充说明，补充内容如下：

该油田电气采用能量管理系统（EMS 系统），陆地作为主站，平台作为子用户，EMS 系统用于遥信、遥测、遥调、遥控等功能，故需对系统功能做台风模式升级改造，以满足无人模式下陆地对海上运行情况的掌握和远程操作。

① EMS 功能升级改造。

a. EMS 系统扩容：新增一套 EMS 机柜，用于断路器的远程分闸、合闸、复位以及电气参数的监控和管理。

b. 信息显示。

EMS 站采集如下电气信息，经卫星传输至陆地电力调度控制中心，以便陆地全面掌握海上运行情况：

● 原油主发电机的状态及运行参数；

● 应急发电机的状态及运行参数；

● 台风发电机的状态及运行参数；

● 平台 VCB 和 ACB 开关电压、电流、功率、分合闸状态；

- 应急低压配电柜与置换相关的设备断路器分合闸状态；
- UPS 状态、运行参数、故障报警信息。

c. 远程分闸功能。

EMS 改造后增加远程操作功能，在确保被控对象没有电气故障前提下，人员经授权后可远程进行如下分闸操作：

- 超限工况下主动停主电和外输电；
- 手动启应急机前与主配系统的电力隔离；
- 台风发电机和应急发电机的切换；
- 平台 UPS 蓄电池供电开关更换成欠电压断路器，并且能够远程分闸，避免电池深度放电；
- 主发电机蓄电池供电开关更换成欠电压断路器，并且能够远程分闸，避免电池深度放电；
- 应急发电机启动电池刀闸开关更换成断路器并具备远程分闸功能。

d. 远程合闸功能。

EMS 改造后，在确保被控对象没有电气故障前提下，人员经授权后可远程进行如下合闸操作：

- 台风发电机远程启动后合闸送电；
- 平台需实现应急工况远程恢复供电回路，设备供电开关增加电动操作机构，平台应急关停（生产关断或者火灾关断）后可通过 EMS 远程合闸恢复供电，以满足海管应急置换需求。

② 绝缘表。

低压配电柜和 UPS 配电柜每段母排上已安装有绝缘监测表，但是绝缘报警信号未接入中控和 EMS 系统，将绝缘报警干接点信号接入 EMS 系统进行统一监测。

③ UPS 系统改造。

a. 甩负载改造：无电或者通信失联工况下，UPS 的负载仅保留海陆及设施之间的通信负载、仪表专用控制系统、原中控服务器、交换机、SDH 等设备的供电，其他负载回路设置远程脱扣。

b. 蓄电池扩容：平台上配置有一套 50kV·A 的 UPS，UPS 配置有一组电池，电池容量 224AH，单块电池电压 1.2V，数量 176 节。在无电工况下，依赖 UPS 供电完成柴消置换海管的最长时间为 4.5h，负载仅考虑中控系统必要的设备、海陆通信和平台之间微波通信设备以及海管置换专用系统，总功率约为 11kW。电池的放电系数按照 0.7 考虑，核算需要的电池容量约为 301AH，因此需要扩容一组电池，扩容的电池数量和容量与现有电池保持一致。

c. 新增设备供电：为新仪表控制柜、EMS 机柜、CCTV 机柜提供电源等配置需要的电源。

d. 软启动器：考虑到外输外输泵需要作为置换泵，生产关停后需要重启，并且启动电流较大可能会对电网造成冲击，因此将 A 泵增加一套软启动柜（C 泵已有软启动器）。

6）仪控

此钻采平台中控室设置三套独立的控制系统，分别为过程控制系统（PCS）、应急关断系统（ESD）和火气系统（FGS）。其中 PCS 系统采用罗克韦尔 PlantPAx 系统，ESD 和 FGS 系统采用罗克韦尔 AADvance 系统。其三套系统相互独立，在管理层侧共享人机界面和通信网络。中控室内设置三台操作站、两台工程师站，供操作人员维修和调试时进行监控和操作；中控室设有应急操作盘。为满足临时无人化管理运行的更高需要，并保证平台安全正常地生产，仪控改造内容如下：

（1）井口盘改造。

① 油田实现远程应急置换和压井需要井上安全阀具备远程开启功能，需要将井口控制盘上单井开关按钮由液动机械式改为电控式，在每口井控制盘面上增加1个HS，就地控制井上安全翼阀（WSSV），WSSV增加2个串联的电磁阀，分别实现远程开井和就地开井功能。开/关井逻辑回路设计为：当现场手动关井后，远程不能开井；当远程关井后，需远程复位后，现场才能手动开井。远程开启井上安全阀的功能仅在台风模式下遥控置换和压井工况下时使用，其余工况还是要现场检查后进行就地复位。

② 油田实现远程压井还需要增加井上、井下安全阀的阀门状态反馈，将阀门开到位和关到位等新增信号接入中控系统，实现远程监控。

（2）阀门改造。

① 为实现工艺、公用、水消防、安全、机械等专业提出的流程切换，需要将流程上的手动球阀增加电动执行机构，改造为电动控制开关阀，或流程中新增电动开关阀，并将阀门的远程与就地控制开关、阀门开到位、阀门关到位、阀门故障报警等新增信号接入中控系统。雨淋阀需要改造为可以远程复位，以防中控FGS系统在置换工况下失电雨淋阀自动释放。关键化学药剂注入阀需改为电磁阀远程控制的化学药剂注入阀。

② 考虑仪表气失效的情况下还能实现远程置换流程，需将实现流程切换的关断阀的气动执行机构改造为液动执行机构。同时关断阀自带蓄能器，能够满足在失去液压源时蓄能器可以使关断阀反复打开两次以上。

③ 所有阀门改造的后续阶段需关注执行机构的尺寸设计，满足现场空间的要求。

（3）仪表改造。

① 增加含油在线分析仪，并将新增信号接入中控系统，实现远程监控。

② 单井环空处就地压力表改造为压力传感器实现套压远程监控，单井油嘴前就地压力表改造为压力传感器实现油压远程监控，保证实时监控井口压力。

③ 为保证重要房间设备的正常运行环境，需实现暖通设备的远程监控。主开关间、电潜泵控制间、电气仪表间、应急开关间、中控室、电池间、主变压器间、FM200 间、应急发电机间等房间根据需求增加温度传感器、湿度传感器和压差传感器，新增传感器信号通过硬线接入中控系统进行监控。

④ 为保证作业人员实时掌握台风模式下平台的生产情况，需要实现流程数据实时远程监控，根据前续专业需求将现场仅有的就地显示仪表更换为带变送器的仪表，并将新增仪表信号接入中控系统，同时根据工艺要求修改部分设备上的变送器设定点。

（4）中控改造。

① 增加设备远程操作中控画面：

a. 为实现泵类、应急机、灭火系统等设备远程启停功能，在中控画面上补充软点实现设备的远程启停，并完成相应组态，便于操作人员远程开展应急操作。

b. 为保证重要房间设备的正常运行环境，需实现暖通设备的远程启停。将重要房间的空调或中央空调的启停等信号接入中控系统进行监控，并在中控画面上补充软点实现空调远程启停；将重要房间的风机和风闸启停等信号接入中控系统进行监控，并在中控画面上补充软点实现风机远程启停，并将风机与风闸互锁，实现风闸故障停，风机需要连锁停。

c.将改造中增加的变送器和阀门等所有新增现场仪表信号接入平台原中控系统，同时根据工艺要求修改参数设定值，适应最新流程，并对原中控系统进行相应的组态和逻辑改造，实现显示和控制功能。

② 中控系统新增小型专用 SIS 控制系统：

a.考虑到台风模式下平台发生计划或非计划生产关断后控制系统必须完成应急置换和压井等工作，根据流程估算工作时间至少 6～7h，准备时间按照 2h 考虑的话，控制系统的 UPS 需要支持共 8～9h，而原有中控系统配置的 UPS 可工作 0.5h。

b.原有中控系统可实现平台井口控制、过程控制、应急关断、火气探测及报警、消防安全等所有控制工作，挂负载较多，为优化 UPS 负荷，新设置小型专用控制系统，专为平台发生计划或非计划生产关断后平台必须完成的应急置换和压井等远程遥控，将相关的阀门控制信号和反馈信号、泵类等设备远程启停信号接入小型专用控制系统，实现相关阀门开关和泵类等设备远程启停等操作，单独配置 UPS，供电时间需保证上述工作完成。其余控制器在原配有的 UPS 耗电结束后停止工作。

c.远程置换和压井期间小型专用控制系统还需要对仍在工作的相关设施进行火气探测、报警和消防，主要包括中控室、新设 UPS 间、置换和压井现场等位置的火气探头和消防的控制。

d.远程置换和压井期间如果发生火气泄漏或火灾工况，平台柴油驱消防泵可工作。

③ 一键置换：

a.台风模式下海陆间卫星通信可能出现中断，卫星通信中断后未能实现远程置换和压井，可能发生凝管，台风后人员登平台进行复产，将花费很长的时间加热和疏通管线、设备和井筒等。为减少上述风险，将对中控系统进行改造，实现在海陆间通信中断 10min 后自动完成一键置换功能。

b. 一键置换就是将人员在整个应急置换和压井工况下的远程操作按照时间的先后顺序、操作发生的时间长短，根据阀门和设备等的运行状态反馈按照预先设定好的逻辑顺序自动地执行相关程序，实现台风模式下无人化应急置换和压井。一键置换需要中控系统具备时钟同步功能。

c. 如果一键置换失败，相关流程在 ESD 紧急关断系统的控制下，也会按照失败关的模式，将所有关断阀关闭，保证平台安全。

d. 一键置换程序需要平台操作人员和中控系统厂家紧密配合，保证整个控制程序的合理、安全、可行。中控系统完成相关改造后可先在平台有人情况下监控实施，试运行中人员不操作，当发生任何紧急问题，人员可进行干预，解除风险，然后对程序重新进行梳理，发现并解决问题，时机成熟之后可真正投运。

④ 就地 / 远程控制模式切换及 ESD Console 设置：

正常情况下，平台操作人员通过本地中控系统进行生产监控，所有控制命令都由现场操作人员完成，由于陆地端没有经权限设置，陆地操作人员可远程监视平台生产情况，但无法对平台生产进行远程操控。

陆地遥控中心设置 ESD Console 台，集成本地 / 远程模式选择开关、各设施的 ESD1、ESD2、ESD3 等急停按钮。平台端 ESD Console 台上的选择开关处于"远程模式"时，陆地的操作站可通过远程登录平台的操作站，对平台实时监控，陆地端 ESD 急停按钮也将被激活，可以实施远程安全操作。

（5）补充阐述。

基于后期对自控建设的升级优化，结合某油田自控系统建设平台改造内容加以补充，补充内容如下：

① 溢油监测：在甲板的适当位置，增加一套非接触式外排水含油监测仪，分析仪的监测信号接入中控系统并传回陆地。当监测到溢油后需要主动关停生产，后期作业区需要完善自控模式下溢油应急响应程序。

② 本地控制盘改造：

a. 主发电机本地盘。

主机数据通过已有的 RS485 通信上传到 EMS 系统，在 EMS 系统上可以查看主机的运行参数。具体通信参数由现场盘改造方按油轮动力主操的要求确定。主机实现远程停机操作，相关信号通过硬线接入 EMS 系统。

b. 膜制氮本地盘。

膜制氮系统包括两套制氮膜组，两套制氮膜组配置有一套本地联控盘，本地盘与中控已有 RS85 通信。通过已有的 RS485 实现远程切换制氮膜组、远程启停加热器，两套制氮膜组进出口切换电动阀的控制信号接入干燥器本地盘，由本地盘控制阀门开关动作。

c. 公用 / 仪表气空压机本地盘。

公用 / 仪表气空压机本地盘可以通过触摸屏进行空压机组的切换，本地盘已与中控建立 RS485 通信，将橇内的设备状态、参数等信息上传到中控，采用 RS485 通信的方式实现空压机手动 / 自动切换、远程机组切换以及干燥器启停和切换。

d. 公用 / 仪表气干燥塔本地盘。

公用 / 仪表气系统一共两套干燥塔，内套干燥塔配置有一台独立式的本地控制盘，干燥器控制盘状态信号已接入公用 / 仪表气空压机本地盘，将干燥塔的启停信号和阀门信号接入到公用 / 仪表气空压机本地盘，由公用 / 仪表气空压机本地盘实现远程操作。

e. 柴油驱消防泵本地盘。

柴油空消防泵配置有一套本地控制盘，具备自动启动和手动启动方式。当需要自动启动时，需要将本地盘的启动模式选择开关打到自动模式，在自动模式下，柴油驱消防泵可以由火气系统控制自动启动。当本地盘的启动模式选择开关打到手动状态时，可以手动选择 1 组电池启动、2 组电池启动，然后按下启动按钮并持续到柴油机启动即可完成手动启动。当需要关停柴油驱消防泵时，需要长时间按住停止按钮，直到柴油驱消防泵停止。

改造柴油驱消防泵本地盘，增加远程选择 OFF/ 手动 / 自动模式的功能、增加电池 1、电池 2 手动启动方式的远程选择功能、增加远程手动启动和停止功能、增加远程抑制柴油驱消防泵启动的功能。柴油驱消防泵的供油管线上增加一个电磁阀，防止柴油驱消防泵无法手动停机时切断供油回路。

f. 应急发电机本地盘。

应急发电机机组自带有一个小型本地控制盘，本地盘上有 OFF/ 手动 / 自动选择开关，正常情况下本地盘的模式开关打到自动模式，在 MCC 间也有一套控制机柜，可以进行远程操作。应急配电盘到正常配电盘的断路器配置有欠电压继电器，当检测到失主电时，可以联锁自动启动应急发电机，应急机设置有两组启动电池。

改造应急机 MCC 间控制柜，实现远程选择自动 / 手动启动模式、远程手动启动和停止功能。与中控已建立有通信，将机组重要参数上传到中控系统进行监控。

g. 中央空调本地盘。

改造 VFD 间中央空调控制盘，与中控系统建立通信，通过 RS485 通信的方式将机组参数上传到中控，利用 RS485 通信实现空调机组设备的远程启停、切换和参数设置。

h. 台风发电机本地盘。

台风发电机机组自带有一个小型本地控制盘，在 MCC 间也有一套控制机柜。台风发电机只能手动启动。

改造台风发电机远程控制柜，实现远程手动启动和停止功能、实现远程选择电池组启动功能。增加与中控系统的 RS485 通信，将机组重要参数上传到中控系统进行监控。

i. 高倍泡沫灭火器本地盘。

改造本地控制盘，增加手动 / 自动远程切换功能、远程启停消防泵泡沫泵功能、远程开阀和远程停止功能。

j. 海水自动反冲洗装置本地盘。

改造本地控制盘，增加两组自动反冲洗过滤器的远程手动启动和停止功能。

总之，将各类改造增加的变送器、流量计和阀门等所有新增现场仪表信号接入平台原中控系统，同时根据工艺要求修改参数设定值，适应最新流程，并对原中控系统进行相应的组态和逻辑改造，实现显示和控制功能。

将现场新增的机械设备数据、电气设备数据、暖通数据等监测数据接入原中控过程控制系统，实现设备数据监控功能。

7）通信

为保证台风期间超强风力下通信链路的正常工作，此钻采平台通信改造内容如下：

（1）通信系统室外天线加装卫星防护罩（内含分体空调）以保障台风期间的卫星通信质量；

（2）通信链路新增一台路由器，实现与多个通信链路互为热备；

（3）工控网部署工控防火墙、工控安全监测与审计系统、工控主机加载安全防护客户端等安全防护系统改造后，接入到岸卫星通信链路，陆地远控中心新增远程操作站实现远程操控；

（4）办公网（视频监控）通过油田群到岸散射通信链路，实现海上视频图像的传输；

（5）CCTV系统改造：根据各个专业台风模式下可视化的需求，对现有的视频监控系统进行扩容改造（NVR网络硬盘录像机）；新增若干个前端摄像头，监控点主要是电气房间、中控室、关键设备、生产区域、溢油监测等；新增视频压缩设备以减少视频图像传输带宽，增加陆地视频监控中心视频展示数量。

8）结构

为保证自控系统建设设计方案的可行性，需对改造后平台结构进行评估，此钻采平台由于新增甲板及电池间估算使用钢材50t，经结构局部校核，最小桩基安全系数大于1.5，满足平台结构相关要求，结构不需要改造。结构评估依照 API RP 2A、AISC 9th 及其他相关规范执行。

9）舾装

根据总体要求，舾装部分需要对新增电池间进行设计，具体设计内容如下：

（1）新增电池间应按照其防火等级铺设防火绝缘材料；

（2）材料的等级和相关要求应满足《国际海上人命安全公约》（SOLAS）的规定；

（3）防火绝缘材料为轻质环保类纤维。

4.7.2 油轮设计

对于油轮自控建设设计，本节选取某油田 FPSO 自控系统建设内容为例展开说明油轮设计，并对部分设计通过其他油田 FPSO 最新改造方案加以补充阐述。

1）工艺

由上节内容可知，此油田油品凝固点较高，台风期间一旦其停产，将存在海管及工艺管线凝固等风险，故对 FPSO 单点海管上岸流程及生产流程进行改造，辅助系统也需配备远程操控功能。

（1）为保证平台远程置换海管成功下舱，来液 A 平台和 B 平台单点海管上岸流程改造内容如下：

①A 平台海管远程置换：

a.为了满足海管置换条件，A 平台海管出口单点 ESDV 液压装置和 SDV 阀由手动复位改为远程复位；

b.为保证海管置换出的流体远程控制下舱，A 平台海管直接下舱管线去 SLOP 舱阀门、去不合格油舱阀门均由手动阀门改为远程控制；

c.为使在进行海管置换时，远程关闭去生产流程的阀门，防止海水进入上模生产流程，A 平台海管进一级分离器阀门由手动阀门改为远程控制。

②B 平台海管远程置换：

a.为了满足海管置换条件，B 平台海管出口单点 ESDV 液压装置和 SDV 阀由手动复位改为远程复位；

b.为保证海管置换出的流体远程控制下舱，B 平台海管直接下舱管线去 SLOP 舱阀门、去不合格油舱阀门均由手动阀门改为远程控制；

　　c.为使在进行海管置换时，远程关闭去生产流程的阀门，防止海水进入上模生产流程，B 平台海管进一级分离器阀门由手动阀门改为远程控制。

　　（2）为保证油轮上模生产流程置换及正常生产流程的远程操作，在有主电和应急电及通信正常情况下采用生产水置换；无主电和应急机无法启动的工况下，依靠上游流体进行生产流程置换；在生产流程置换完毕后，需远程排空罐体。具体改造内容如下：

　　① 生产水置换流程管线的进一级分离器阀门由手动阀门改为远程控制；

　　② 一级分离器的氮气进口 SDV、气出口 SDV、油出口 SDV、水出口 SDV 均由手动复位改为远程复位；

　　③ 二级分离器的氮气入口 SDV、水出口 SDV 均由手动复位改为远程复位；

　　④ 电脱泵 A～D 由现场启泵、无旁通流程改为增加远程启功能、增加旁通流程；

　　⑤ 电脱水器 A/B 的水出口 SDV 由手动复位改为远程复位；

　　⑥ 原油下舱管线下舱关断阀 SDV 由手动复位改为远程复位；

　　⑦ 原油下舱管线下合格油舱阀及下不合格油舱阀均由手动阀门改为远程控制。

　　（3）为满足生产污水处理达标，生产水处理系统相关设备需满足远程控制，改造内容如下：

　　① 生产水舱总管出入口阀门、生产水舱中生产水泵出口阀门、二级气浮出口排海及回舱管线阀门均手动改自动，增加远程开闭功能；

　　② 生产水系统中的紧凑式气浮循环泵无远程控制启停功能，为防止撤台期间循环泵出现无法远程解决的故障，造成生产水不合格外排的

不良后果，因此，该泵增加远程控制启停功能以便实现主用泵与备用泵之间的切换；

③ 生产期间，若发现在使用的在线含油分析仪监测结果不够精确，需要更换功能更为精确完善的分析仪以保障生产的安全性，并且实现数据远传。

（4）为保障生产和置换的稳定，化学药剂系统要连续注入的流程需满足远程控制，改造内容如下：

① 破乳剂注入流程：破乳剂泵由现场启停泵改为远程启停，泵进出口阀门由手动阀门改为远程控制；

② 需要连续注入的药剂流程：药剂泵由现场启停泵改为远程启停，泵进出口阀门由手动阀门改为远程控制。

（5）由于新增和改造了远程仪表阀门，罐体有远程排空需要，为保证仪表风和氮气供应，仪表风/公用风系统与氮气系统改造内容如下：

① 空压机由现场启动改为改远程启停；

② 制氮装置、冷干机 A/B 由现场启动改为增加远程监控、复位、启停功能；

③ 冷干机进出口球阀改为可远程控制；

④ 加热器 A/B 进出口管线阀门由手动阀门改为远程控制。

（6）自控模式下火炬意外熄灭需重新点火，为维持火炬燃烧，火炬系统改造内容如下：

① 点火盘由手动复位改为远程复位；

② 为远程控制罐内液体及时排出，火炬分液泵由现场启停改为改远程启停。

（7）闭式循环冷却系统：

①冷却水循环泵出口手动阀门改为自动阀门，实现远程控制开闭功能；

②冷却水循环泵增加远程控制启停功能以便远程进行主用泵备用泵切换；

③冷却水膨胀罐氮气入口 SDV 阀门增加远程开闭及复位功能。

（8）补充阐述：

基于后期对自控建设的升级优化，结合其他油田自控系统建设改造内容加以补充，补充内容如下：

①为满足海管置换条件，单点液压间紧急切断阀门（ESDV）液压控制器、海管上岸出口 SDV 均由液压控制改为增加一套独立的液压站并配置蓄能器，满足两个 ESDV 阀至少能够开关 2 次；

②海管直接下舱管线去货油油舱的阀门由手动阀门更换成远程气控开关阀，并带独立驱动气瓶；

③进高压分离器的阀门由手动阀门更换成远程气控开关阀，并带独立驱动气瓶；

④为防止湿气罐积液，将湿气罐疏水阀由手动阀门改为气控开关阀；

⑤基于调节氮气的需求，膜制氮气主管出口由手动阀门改为气控调节阀；

⑥氮气发生器去氮气压缩机阀门由手动阀门改为气控开关阀，用于切换氮气高低压用户；

⑦仪表罐出口增加一个气控开关阀，用于切断其他用户，无电工况只给下舱气控阀供气；

⑧应急发电机：为保证应急工况能切断应急机供油回路，应急发电机柴油供油管线手动速闭阀由手动阀门改为气控开关阀；

⑨ 主机燃油系统：燃油输送泵入口更换成气控开关阀，用于切换泵；柴油罐出口增加一个三通调节阀，用于台风期间主机原油和柴油混合调节。

2）消防安全

（1）水/泡沫消防系统。

为保证撤台期间，FPSO上水/泡沫消防系统能够正常对平台进行消防保护，因此对电消防泵和柴油驱消防泵均增加远程控制启停及复位功能。在失主电和失应急电模式下，置换为柴油驱动消防泵维持正常运行。对4个雨淋阀均增加远程控制启停及复位功能。

（2）FM200气体灭火系统。

为保证撤台期间，FPSO上FM200气体灭火系统能够正常对平台电气房间进行消防保护，因此对该系统增加远程控制启停及复位功能。

（3）CO_2灭火系统。

为保证撤台期间，FPSO上CO_2灭火系统能够正常对平台电气房间进行消防保护，因此对该系统增加远程控制启停及复位功能。

（4）超细干粉灭火系统。

为保证撤台期间，FPSO上电气房间能够正常对平台进行消防保护，结合现场空间条件限制及灭火适用性要求，因此对中控室、中控IO间、电池间1、电池间2、UPS间1、UPS间2、通信房、电报房、应急发电机房1、应急发电机房2、应急配电板间以上房间增设悬挂式ABC超细干粉灭火装置。

（5）补充阐述。

由于后期对自控建设的升级优化，在其他油田自控系统建设中，为保证台风期间，消防泡沫能正常对主甲板进行消防保护，将主甲板的18台手动消防炮更换成可远程控制型电动消防炮，电动消防炮配置专用控制系统并与中控系统通信；上模四套手动消防炮更换为电动消防炮。电动消防炮可自动扫线，当发现火情时可自动触发，也可以结合 CCTV 视频监控系统，人为手动触发。

3）机械

根据自控系统建设方案设计的要求，升级改造后需要保证机械设备在短期撤台工况下实现无人值守的正常运行，并能够在陆上远程监控中心实时了解设备的运行状态，并根据需要对相应的设备进行远程控制。结合工艺改造需求，此油轮主要设备改造内容如下：

（1）应急机增加远程遥控功能，实现远程启停机；

（2）新增 1 台 1000kW 应急机组，承担台风模式下无人操作应急负荷；

（3）生产水舱泵对应的液压保压泵增加远程启停功能，实现远程启停机，并挂应急供电盘；

（4）主电站柴油日用罐所用的柴油输送泵增加状态监测、故障诊断、视频监测、远程启停；

（5）机舱污水井泵增加远程启停功能、并关联污水井液位信号；

（6）补充阐述：

基于后期对自控建设的升级优化，结合番禺油田自控系统建设改造内容加以补充，补充内容如下：

① 主发电机，需要对主发电机组进行远程停机操控；

② 柴油增压泵需要增加状态监视和远程启停功能；

③ 应急发电机增加远程遥控功能，实现远程启停机；

④ 仪表气 / 氮气空压机，需要长时间连续运行，并可在主机备机间进行切换，空压机增加远程启停功能；

⑤ 冷却海水系统主泵和备用泵增加远程启停功能；

⑥ 单点系统舱底泵增加远程启停功能;

⑦ 单点 ESDV 阀:新增一套液压站并配置蓄能器,保证能够在液压站无法提供动力时依靠蓄能器完成两组单点 ESDV 阀开关动作两次;

⑧ 低位海水门都配置有一道液控阀和一道手动蝶阀,将一组低位海水门手动蝶阀改造成液压阀并且自带蓄能器;

⑨ 化学药剂注入泵,属于连续运行工况,在一台泵失效后需远程启动备用泵,因此需要增加远程启停控制。

4)轮机

根据自控系统建设方案设计的要求,升级改造后需要保证油轮在短期撤台工况下实现无人值守的正常运行,并能够在陆上远程监控中心实时了解设备的运行状态,并根据需要对相应的轮机设备进行远程控制。根据不同的轮机系统,此油轮主要设备改造内容如下:

(1)舱底水系统:

① FPSO 机舱 1 号、2 号舱底总用泵管线出入口阀门手动改自动,增加远程控制开闭功能,两台总用泵增加远程启停功能;

② 机舱应急排水泵(6 号主海水泵)出入口管线阀门、舱底压载总用泵引水阀及应急排海阀门均手动改自动,增加远程控制开闭功能,机舱应急排水泵及舱底压载总用泵增加远程启停功能;

③ 主海水管调压管的舷外出口阀、舱底水排海管线阀门、各污水井吸口阀以及污水井排水总管出口阀均手动改自动,增加远程开闭控制功能。

(2)主甲板污水系统(考虑甲板面溢油):

右污水井甲板操纵泄放阀、左污水井甲板操纵泄放阀、泵驱动压缩空气管线阀门由手动阀门改为远程控制,用于保证 FPSO 台风期间的排水。

（3）柴油系统（若不运行柴油分油机，则需改造一个柴油舱作清洁柴油舱）：

① 柴油输送泵 A/B 由手动复位改为远程复位，用于保证 FPSO 台风期间柴油供应；

② 柴油输送泵进出口阀门、出口总管柴油至动力分管阀门、清洁柴油舱柜出口阀门、3#柴油存储舱高位出口阀门均由手动阀门改为远程控制，用于保证 FPSO 台风期间的柴油供应；

③ 主机柴油罐液位高高逻辑增加液位高高关停柴油输送泵的逻辑，避免柴油冒罐。

（4）惰气系统。

为防止调压阀失效，增加陆地调节大舱压力功能，4 个透气调压阀（左右舷惰性气体系统 IGS 总管至透气桅管线总手动阀、左右舷惰性气体发射器 IGG 总管至透气桅管线总手动阀）由现场启动改为增加可远程开关阀门功能。

（5）排海口。

① 为满足舱底排水条件，舱底压载总用泵排舷外手动阀由手动阀门改为远程控制；

② 为保证实现氮气吹扫，排海口现场启停泵改为远程启停。

（6）补充阐述。

基于后期对自控建设的升级优化，结合其他油田自控系统建设油轮改造内容加以补充，补充内容如下：

① 单点系统。

a. 为实现单点舱底水外排，需远程启停开排泵排水，单点启动开排泵驱动气管线手阀由手动阀门改为气控开关阀；

b. 为切换单点开排水的去向，单点舱底水外排由手动阀门改为气控开关阀；

c. 为切换单点开排水的去向，单点舱底水去上模闭式排放管由手动阀门改为气控开关阀。

② 开闭排系统。

为满足远程操作外排 / 下舱需求，排海阀 / 下舱阀由手动阀门改为气控开关阀。

③ 海水冷却系统。

a. 为保证海水系统压力，需远程稳压调节，排海阀出口由手动阀更换成气控调节阀；

b. 生产关停时需关闭油轮海水入口，低位海水门出口由手动开关阀门改造成液控阀并配置蓄能器。

5）暖通

此油轮上部组块设置有主开关间、应急开关间、工作间、电气仪表间、实验室、FM200 间、电池间、主变压器间、原油发电机间 1/2；船体设置有中控室、UPS 间、电池间等船体控制区房间、船体应急发电机间、100 人生活楼和机舱等。其中主开关间、应急开关间、工作间、电气仪表间、船体控制区房间和生活楼采用集中式空调通风方案。主变压器间、原油发电机间 1/2、FM200 间、电池间、船体应急发电机间、船体机舱为非空调机械通风房间。针对自控模式开启，人员撤离后，暖通系统改造如下：

（1）实现重要电仪房间温湿度和压差远程监测功能。

由于组块工作间和船体控制区房间内电仪设备散热量较大，且台风期间温湿度大，故对房间散热除湿需求较大。为保证台风期间电仪设备不会因高温高湿停机导致平台关停，在中央空调故障的情况下需远程启动备用机组，改造中央空调备用机组本地控制盘，并将设备状态和远程启停信号通过硬线传输至中控系统。同时在主开关间、应急开关间、电气仪表间和船体中控室内增加温湿度变送器等设备以实现实时监测空调房间内温湿度。在主变压器房间内增加温度变送器等设备以实现实时监测房间内温度。

（2）实现暖通系统远程停机功能。

由于电池间、实验室内有易燃易爆气体产生，对于上述房间风机要求 24h 运行，当在运行风机发生故障时，需要远程启动备用机组。故将电池间、实验室风机、防火风闸接线箱改造为可远程控制接线箱，以增加远程控制信号，并改造相应防火风闸气管线上的电磁阀，以增加远程控制信号和风机防火风闸联锁运行功能。防火风闸电磁阀上有本地复位按钮，需操作人员现场进行复位，改造相应电磁阀的本地复位按钮，以实现就地 / 中控远程控制电磁阀。同时在电池间内增加温度变送器、压差变送器，在实验室增加压差变送器以实现实时监测房间内温度及压差。电池间、实验室内温湿度和 / 或压差变送器为防爆形式。

（3）实现应急工况暖通系统和部分重要暖通设备备用机组远程启动功能。

达到超限工况后，平台远程关停并启动置换。暖通系统（除气动防火风闸外）通过断电即可实现远程关停。气动防火风闸改造本地接线箱和电磁阀可实现远程关闭。置换时平台应急开关间、中控室、电池间内设备仍需工作，为保证上述房间内设备正常运行，上述房间的暖通系统需实现远程启动。上部组块的中央空调和船体控制区的压缩冷凝机组以及空气调节机组需改造本地控制盘，并将设备状态和远程启停信号通过硬线传输至中控系统。为保证置换期间消防系统正常运行，FM200 间的风机防火风闸接线箱改造为可远程控制接线箱，以增加远程状态监测和控制功能，并改造相应防火风闸气管线上的电磁阀，以增加远程控制信号和风机防火风闸联锁运行功能。防火风闸电磁阀上有本地复位按钮，需操作人员现场进行复位，改造相应电磁阀的本地复位按钮，以实现就地／中控远程控制电磁阀。

（4）对台风期间防止房间进水提出改造建议。

由于存在台风模式期间风、雨、浪过大导致房间进水，设备损坏的情况。建议后期设计中根据实际运行经验，在房间进风口处增加滤网、弯头、防风雨帽等防风雨措施，在房间迎风面增加挡风墙，同时在操作流程中强调人员撤台前加强房间门窗密闭性，检查风闸能否正常关闭。

6）仪控

此油轮上部组块中控室设置三套独立的控制系统，过程控制系统（PCS）为 Rockwell PlantPAx，应急关断系统（ESD）为 Rockwell AADvance safety system，火气系统（F&G）为 Rockwell AADvance safety system。三套系统相互独立，在管理层侧共享人机界面和通信网络。FPSO 与钻采平台之间通过海底光缆进行通信。为满足临时无人化管理运行的更高需要，并保证平台安全正常地生产，仪控改造内容如下：

（1）阀门改造。

① 为实现工艺、公用、水消防、安全、机械等专业提出的流程切换，需要将流程上的手动球阀增加电动执行机构，改造为电动控制开关阀，或流程中新增电动开关阀，并将阀门的远程与就地控制开关、开、关、阀门开到位、阀门关到位、阀门故障报警等新增信号接入中控系统。

② 雨淋阀需要改造为可以远程复位，以防中控 FGS 系统在置换工

况下失电雨淋阀自动释放。

③ 关键化学药剂注入阀需改为电磁阀远程控制的化学药剂注入阀。

④ 油田实现远程应急置换首先需要实现紧急关断阀远程复位功能，需要将关断阀的电磁阀进行改造，取消原有带就地复位功能的电磁阀，新增 1 个直接由中控控制的电磁阀，实现远程开阀的功能。

⑤ 远程复位开阀的功能仅在台风模式下遥控置换工况时使用，其余工况还是要现场检查后进行就地复位。

⑥ 考虑仪表气失效的情况下还能实现远程置换流程，需将实现流程切换的关断阀的气动执行机构改造为液动执行机构。

所有阀门改造的后续阶段需关注执行机构的尺寸设计，满足现场空间的要求。

（2）仪表改造。

① 增加含油在线分析仪，并将新增信号接入中控系统，实现远程监控。

② 为保证重要房间设备的正常运行环境，需实现暖通设备的远程监控。主开关间、应急开关间、电气仪表间、电池间、主变压器间、FM200 间、原油发电机间 1、原油发电机间 2、应急开关间（船体）、UPS 间（船体）、电池间 1/2（船体）、应急发电机间（船体）、中控室（船体）、空调机房（船体）、机舱（船体）等房间根据需求增加温度传感器、湿度传感器和压差传感器，新增传感器信号通过硬线接入中控系统进行监控。

总之，为保证作业人员实时掌握台风模式下 FPSO 的生产情况，需要实现流程数据实时远程监控，需根据前续专业需求将现场仅有的就地显示仪表更换为带变送器的仪表，并将新增仪表信号接入中控系统，同时根据工艺要求修改部分设备上的变送器设定点。

（3）中控改造。

① 增加设备远程操作中控画面。

为实现泵类、应急机、灭火系统等设备远程启停功能，在中控画面上补充软点实现设备的远程启停，并完成相应组态，便于操作人员远程开展应急操作；为保证重要房间设备的正常运行环境，需实现暖通设备的远程启停。将重要房间的空调或中央空调的启停等信号接入中控系统进行监控，并在中控画面上补充软点实现空调远程启停；将重要房间的风机和风闸启停等信号接入中控系统进行监控，并在中控画面上补充软点实现风机远程启停，并将风机与风闸互锁，实现风闸故障停，风机需要连锁停。

总之，将改造中增加的变送器和阀门等新增现场仪表信号接入FPSO原中控系统和新增专用控制系统，同时根据工艺要求修改参数设定值，适应最新流程，并对原中控系统进行相应的组态和逻辑改造，实现显示和控制功能。正常工况时原中控系统与新增专用系统合二为一执行正常操作命令，一旦通信失联或需要一键置换时，所有的置换动作由专用控制系统完成。

② 一键置换。

台风模式下海陆间通信可能出现中断，通信中断后未能实现远程置换，可能发生凝管，台风后人员登FPSO进行复产，将花费很长的时间加热和疏通管线和设备等。为减少上述风险，将对中控系统进行改造，实现在海陆间通信中断10min后自动完成一键置换功能。

一键置换就是将人员在整个应急置换工况下的远程操作按照时间的先后顺序、操作发生的时间长短，根据阀门和设备等的运行状态反馈，按照预先设定好的逻辑顺序自动地执行相关程序，实现台风模式下无人化应急置换。一键置换需要中控系统具备时钟同步功能。

如果一键置换失败，相关流程在 ESD 紧急关断系统的控制下，也会按照失败关的模式，将所有关断阀关闭，保证 FPSO 安全。

一键置换程序需要 FPSO 操作人员和中控系统厂家紧密配合，保证整个控制程序的合理、安全、可行。中控系统完成相关改造后可先在 FPSO 有人情况下监控实施，试运行中人员不操作，当发生任何紧急问题，人员可进行干预，解除风险，然后对程序重新进行梳理，发现并解决问题，时机成熟之后可真正投运。

③ 就地 / 远程控制模式切换及 ESD Console 设置。

正常情况下，FPSO 操作人员通过本地中控系统进行生产监控，所有控制命令都由现场操作人员完成，由于陆地端没有经权限设置，陆地操作人员可远程监视 FPSO 生产情况，但无法对 FPSO 生产进行远程操控。

陆地遥控中心设置 ESD Console 台，集成本地 / 远程模式选择开关、各设施的 ESD1、ESD2、ESD3 等急停按钮。FPSO 端 ESD Console 台上的选择开关处于"远程模式"时，陆地的操作站可通过远程登录 FPSO 的操作站，对于 FPSO 实施监控，陆地端 ESD 急停按钮也将被激活，可以实施远程安全操作。

（4）补充阐述。

基于后期对自控建设的升级优化，结合其他油田自控系统建设油轮改造内容加以补充，补充内容如下：

① 阀门行程测试：改造新增的远程控制阀及手动阀改造成远程控制的阀门，无法通过隔离或者旁通测试阀门动作的，需要增加行程测试功能；

② 溢油监测：增加一套非接触式外排水含油监测仪，分析仪的监

测信号接入中控系统并传回陆地。当监测到溢油后需要主动关停生产，后期作业区需要完善自控模式下溢油应急响应程序；

③ 控制盘改造：为实现远程操作和应急工况下设备重启，需要对以下控制盘做改造以实现远程操作；

④ Interlock 系统：将 Interlock 系统生产关停相关信号迁移到 SIS 系统，通关光端机的形式传输到平台。

7）电气

此油田 FPSO 上部设施上设置电力管理系统（PMS）主站对电网进行实时的自动监控和管理。该系统应具备发电机组管理和调节、有功与无功分配和综合调度、热备用管理、负载管理与优先脱扣、关键电气参数实时监控及电力系统安全性评测等功能。需对系统功能做台风模式针对性升级改造，以满足无人模式下陆地对海上运行情况的掌握和远程操作。

同时，台风期间人员撤离油轮后，若主电站非计划停机，油轮应急发电机自动启动，以保证置换等应急供电需求。若由于其他原因需在主机运行的状态下启动应急机，则须切换应急机的运行模式，手动启动应急机向应急段送电。当主电源、应急电源失败或者通信失联的情况下，由 UPS 系统支持完成应急置换。具体改造内容如下：

（1）PMS 子站功能升级改造。

新建陆地电力调度控制中心，在人员撤离海上设施后避台期间，与自控系统协同作业，在确保操作安全前提下，实现陆地电力调度控制中心通过 PMS 系统对海上电力系统远程监视和操作，主要包括：

① 台风期间正常生产时有功与无功分配和综合调度、热备用管理、负载管理与优先脱扣、关键电气参数实时监控；超限工况远程主动停电操作；失主电应急工况关键电气设备远程恢复供电操作。

② 非台风期间陆地电力调度控制中心陆地电力调度中心关闭对海上远程操作控制功能，仅具备实时数据显示、重要参数报表化管理等功能。对现有 PMS 系统改造升级后 PMS 网络架构示意如图 4-1 所示。

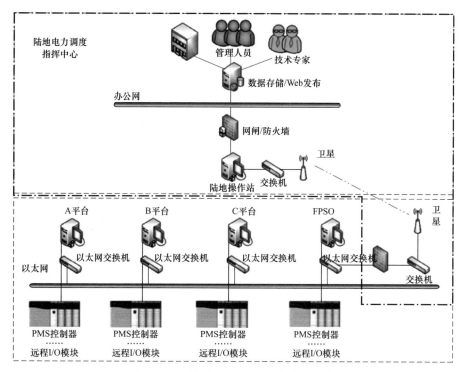

图 4-1 改造后 PMS 网络架构图

注：图中虚线框内为项目新增硬件设备，包括陆地新增硬件（防火墙 1 套、操作站 1 台、交换机 1 台、数据 /Web 服务器 1~2 台、网闸 1 套）和 FPSO 新增硬件（防火墙 1 台和交换机 1 台）。

FPSO PMS 主站改造后，具备如下功能：

① 信息显示。

PMS 主站采集如下电气信息，传输至陆地电力调度控制中心，以便陆地全面掌握海上运行情况：

a. FPSO 所有 VCB 和 ACB 开关电压、电流、功率、分合闸状态；

b. 所有应急回路分合闸状态；

c. 已有 UPS 运行状态、故障报警信息；

d. 新增一套 UPS 电池在线监测系统数据，数据上传至 FPSO PMS 主站；

e. 新增一套开关柜内部温度检测系统，数据上传至 FPSO PMS 主站；

f. 新增一套海缆接线箱内部温湿度监测系统，配置空间加热器自动根据内部温湿度启停，状态数据上传至 FPSO PMS 主站。

② 远程分闸功能。

PMS 改造后增加电子操作票功能，在确保被控对象没有电气故障前提下，人员经授权后可远程进行如下分闸操作：

a. 对 FPSO 所有 VCB、ACB 开关远程分闸操作，以实现超限工况下主动停电；

b. 对 FPSO 所有蓄电池供电开关远程分闸功能，避免电池深度放电。

③ 远程合闸功能。

在确保被控对象没有电气故障前提下，人员经授权后可在陆地电力调度控制中心通过 PMS 远程进行如下复位、合闸操作；

a. 对 FPSO 部分 ACB 内部接线改造，实现 PMS 对其远程复位、合闸操作，增加失主电后应急段向正常段反送电功能，以尽量减少应急段改造；

b. 对 FPSO 应急工况远程恢复供电回路中设备供电开关增加电动操作机构，失主电后应急情况下可通过 PMS 远程复位、合闸恢复供电，以满足应急置换需求。

（2）UPS 改造。

由于氮气和公用空压机现场控制柜开关有欠压脱扣功能。上游变压器故障时氮气空压机联控盘电源开关、两台氮气空压机主电源开关均失电跳闸；应急发电机自启动期间，公用空压机联控盘电源开关、两台公用空压机主电源开关均失电跳闸。为保证应急工况下空压机能正常投用，将 FPSO 现有 1 套 120kV·A UPS 为通信供电回路改为氮气和公用空压机现场控制柜供电。

（3）补充阐述。

不同油田采取的供电系统有所不同，但基本逻辑和改造思路是一致的，现就其他油田自控系统建设油轮改造内容加以补充说明，补充内容如下：

人员撤离后，若主电站非计划停机，则自动启动应急发电机，以保证置换等应急供电需求。

① EMS 功能升级改造。

某油田电气采用能量管理系统（EMS 系统），陆地作为主站，油轮作为子用户。EMS 系统用于遥信、遥测、遥调、遥控等功能，故需对系统功能做台风模式升级改造，以满足无人模式下陆地对海上运行情况的掌握和远程操作。油轮 EMS 主站改造后，应具备如下功能：

a. 信息显示。

EMS 主站采集如下电气信息，传输至陆地电力调度控制中心，以便陆地全面掌握海上运行情况。

● 油轮 VCB 开关和 ACB 开关电压、电流、功率、分合闸状态。

● 应急回路与置换相关的开关的分合闸状态。

● 已有 UPS 运行状态、故障报警信息。

b. 远程分闸功能。

EMS 改造后增加远程操作功能，在确保被控对象没有电气故障前提下，人员经授权后可远程进行如下分闸操作：

● 油轮上的 VCB 开关、ACB 开关远程分闸操作，以实现超限工况下主动停电。

● 油轮上的 UPS 蓄电池供电开关、主发电机的 UPS 蓄电池开关、应急发电机电池开关远程分闸操作，避免电池深度放电。

c. 远程分、合闸功能。

油轮需实现应急工况远程恢复供电，回路中设备供电开关需增加电动操作机构，在失主电后应急情况下可通过 EMS 远程复位、分合闸恢复应急盘设备供电并监控开关状态，以满足应急置换需求。

② UPS 系统改造。

a. UPS 蓄电池扩容。

目前油轮上配置有三套 UPS，其中主 UPS 为 80kV·A，配置有 176 块 1.2V、电池容量为 307AH 的蓄电池。在无电工况下，依赖 UPS 供电完成柴消置换海管的最长时间为 4.5h，负载仅考虑中控系统必要的设备、海陆通信和平台之间微波通信设备以及海管置换专用系统，总功率约为 11kW。电池的放电系数按照 0.7 考虑，核算需要的电池容量约为 301AH，因此需要扩容一组电池，扩容的电池数量和容量与现有电池保持一致。

b. 甩负载改造。

无电或者通信失联工况下，UPS 的负载仅保留海陆及设施之间的通信负载、仪表专用控制系统、原中控服务器、交换机、SDH 等设备的供电，其他负载回路设置远程脱扣。

③ 新增设备供电。

为新仪表控制柜、EMS 机柜、CCTV 机柜提供电源等配置需要的电源。

8）通信

为保证台风期间超强风力下油轮通信正常，此油轮通信改造内容如下：

（1）工控网部署工控防火墙、工控安全监测与审计系统、工控主机加载安全防护客户端等安全防护系统改造后，接入油田现有内部中控网络，通过光缆及海陆间卫星通信链路，陆地远控中心新增远程操作站实现远程操控；

（2）FPSO办公网（视频监控）通过油田群到岸散射通信链路，实现海上视频图像的传输；

（3）视频监控CCTV系统改造：根据各个专业台风模式下可视化的需求，对现有的视频监控系统进行扩容改造（新增NVR网络硬盘录像机）；新增若干个前端摄像头，监控点主要是电气房间、中控室、关键设备、生产区域、舱体、溢油监测等；新增视频压缩设备以减少视频图像传输带宽，增加陆地视频监控中心视频展示数量。

4.7.3　陆地远程操控中心

陆地远程操控主要实现多个海上设施的远程监控和远程操作，室内配置操作站、各设施ESD及一键置换等操作的辅助操作按钮盒及SIS操作站，不同油田作业区陆地操控中心根据设施不同稍有区别。

如图4-2所示，某油田陆地远程操控中心面积约为$80m^2$，包括6个海上设施的远程监控、1个机柜间和1个UPS间。监控室配有22套操作台、6个全彩LED显示屏、视频会议系统和网络电话、陆地SIS系统、ESD/一键置换操作按钮盒、会议桌、办公打印机和文件柜等。为提高控制系统的供电可靠性，新建有一套UPS系统为新增的SIS系统、历史数据服务器、远程操作站、CCTV系统、PMS系统、网络机柜等设备供电，并为新增的机柜间、UPS 间和控制室安装一套火灾报警及自动灭火系统。

图 4-2　陆地远程操控中心

第 5 章　自控系统建设风险分析

5.1　风险分析概述

在油田群自控系统建设项目中，需要对整个系统的性能进行合法性和合规性分析，识别出油田群台风模式改造方案、生产操作、安全管理和应急管理过程中潜在的危险及有害因素，并提出相应的对策与措施。

具体分析内容指的是风险识别、评价和控制，其目的是从安全目标出发，识别那些对人员、环境、设施设备可能造成的危害，并提出预防控制措施和进一步安全评价的方向。主要内容包括安全预评价、安全完整性等级定级（以下简称 SIL 评估）和失效模式影响分析（以下简称 FMEA 分析）、海管置换流程可靠性分析、危险与可操作性分析（以下简称 HAZOP 分析）等，通过各种分析方法配合能够有效识别系统潜在风险，并指出合理的改进方向。

5.2　分析评价依据

主要安全法律、法规和部门规章（包括但不限于）。

名称	实施日期
《中华人民共和国安全生产法》	2014.12.1

续表

名称	实施日期
《中华人民共和国海上交通安全法》（2016 修订）	2016.11.7
《安全生产许可证条例》	2014.7.29
《建设工程安全生产管理条例》	2004.2.1
《生产安全事故报告和调查处理条例》	2007.6.1
《国务院关于特大安全事故行政责任追究的规定》	2001.4.21
《海上固定平台安全规则》	2000.12.1
《海洋石油安全生产规定》	2015.7.1
《海洋石油安全管理细则》	2015.7.1
《非煤矿矿山企业安全生产许可证实施办法》	2015.7.1
《生产安全事故应急预案管理办法》	2016.7.1
《建设项目安全设施"三同时"监督管理办法》	2015.5.1
《海洋石油建设项目生产设施设计审查与安全竣工验收实施细则》	2009.10.29
《海底电缆管道保护规范》	2004.3.1

主要标准及规范（包括但不限于）。

标准号或代码	名称
GB/T 20660—2020	《石油天然气工业　海上生产设施的火灾、爆炸控制、削减措施要求和指南》
SY/T 10033—2000	《海上生产平台上部设施安全系统的分析、设计、安装和测试的推荐作法》
SY/T 10034—2020	《敞开式海上生产平台防火与消防的推荐作法》
SY/T 10030—2018	《海上固定平台规划、设计和建造的推荐作法　工作应力设计法》

续表

标准号或代码	名称
SY/T 6671—2017	《石油设施电气设备安装区域 I 级 0 区、1 区和 2 区的分类推荐作法》
AQ 2012—2007	《石油天然气安全规程》
Q/HS 3024—2012	《海上无人驻守井口平台设计规定》
SY/T 10037—2018	《海底管道系统》
GMDSS	全球海上遇难与安全系统
SOLAS	国际海上人命安全公约

5.3　风险分析内容

5.3.1　安全预评价

（1）预评价单元划分原则。

① 根据项目主要危险、有害因素的特点划分预评价单元；

② 一个系统设施、装置的一个相对独立部分并有一定工程特点的可划分为一个预评价单元；

③ 重要设备、单体或未实现某项功能的一套系统也可单独划分为一个预评价单元。

（2）预评价方法。

① 对照经验法。

对照有关标准、法规、检查表或依靠分析人员的观察分析能力，借助于经验和判断能力直观地评价对象危险性和危害性的方法。经验法是辨识中常用的方法，其优点是简便、易行，其缺点是受辨识人员知识、经验和现有资料的限制，可能出现遗漏。为弥补个人判断的不足，常采取专家会议的方式来相互启发、交换意见、集思广益，使危险、危害因素的辨识更加细致、具体。

② 专题分析法。

针对项目的特点、难点或关注点等，采用专题的形式，定性或定量地分析其中的危险有害因素，并提出对策措施建议。

③ 危险源辨识法（HAZID）。

HAZID 是识别系统存在的危害及确认其后果和防护措施的过程。

HAZID 分析的目的：识别重大危害及危害的主要原因；针对各危害，识别设计中所包括的预防措施；描述所识别的危害的主要后果和削减措施。

HAZID 的主要关注点为与火灾爆炸、有毒物质以及其他重大事故相关的安全问题。通过将分析对象按照一定原则进行节点划分，根据会前准备的引导词，对各节点逐一讨论，识别出与人员伤亡、环境污染和财产损失相关的安全问题。

④ 安全检查表法。

安全检查表法 SCA（Safety Checklist Analysis）是依据相关的标准、规范，对工程、系统中已知的危险类别、设计缺陷及与一般工艺设备、操作、管理有关的潜在危险性和有害性进行判别检查。适用于工程、系统的各个阶段，是系统安全工程的一种最基础、最简便、广泛应用的系统危险性评价方法。安全检查表的编制主要是依据以下四个方面的内容：

a. 国家、地方的相关安全法规、规定、规程、规范和标准，行业、企业的规章制度、标准及企业安全生产操作规程；

b. 国内外行业、企业事故统计案例，经验教训；

c. 行业及企业安全生产的经验，特别是本企业安全生产的实践经验，引发事故的各种潜在不安全因素及成功杜绝或减少事故发生的成功经验；

d. 系统安全分析的结果，如采用事故树分析方法找出的不安全因素，或作为防止事故控制点源列入检查表。

5.3.2　FMEA 分析

FMEA（Failure Mode and Effect Analysis）方法最早在 20 世纪 50 年代就已经出现在航空器主操控系统的失效分析上，到 60 年代，加上了关键性分析（CA）而形成 FMECA 方法。在 20 世纪 70 年代，该系统的可靠性工程技术开始应用在汽车的零件设计中。目前 FMEA 技术已经广泛地应用在石油化工、海上石油天然气开采设施上，识别关键的失效模式和影响，优化设计、操作和维护。

FMEA 是一种用于可靠性设计的定性分析方法，通过了解系统结构和运行环境，找出系统潜在的薄弱环节（可能出现的故障模式），分析每个故障模式可能出现的原因和影响，以及相关影响对系统安全性、任务成功性、维修及保障性等方面带来的危害，并根据危害程度来制订相关的改进计划或补偿措施。其目的在于对故障的预防和控制，消除或减少设计中存在的缺陷，提高系统的可靠性。该方法需要一个熟悉专业知识和设备的团队，以及熟悉该分析方法的主席来引导完成。

根据 IEC 60812 标准及 ISO 14224 相关推荐做法进行 FMEA 分析，可达到如下目的：

（1）识别关键系统 / 设备和失效模式；

（2）识别现有的重要控制措施和验证活动；

（3）设备关键性评价；

（4）提出设计改进，维护监控建议措施。

5.3.3　SIL 分析

安全相关系统对于人员的安全及可靠生产是不可或缺的。安全相关系统所起的作用包括：工艺保护、工艺排放、工艺关断、危险情况报警、火灾监测及气体监测等。这些安全相关系统的功能通常会与 E/E/PES 技术（电气 / 电子 / 可编程电子系统的简称）、其他技术及可降低风险的外部设备结合起来。而且在复杂的安全相关系统中使用软件变得越来越普遍，计算机和软件辅助系统（如安全仪表系统）也广泛使用在安全相关系统中，而这些安全相关系统一旦在危险情况下发生失效立即会导致人员伤亡、环境破坏及经济损失等重大事故。

安全完整性等级（SIL）是一个重要的安全可靠性的参数，用以表征安全相关系统针对一个特定的功能需求所能达到的风险降低的程度。其定义是指在一定时间、一定条件下，安全相关系统执行其所定义的安全功能的可靠性。确定 SIL 等级就是通过规定安全仪表系统需要的最低反应失效的可能性，使设备能够在需要时成功执行设计所要求的安全功能，该等级由两部分组成。

（1）硬件安全完整性等级。这部分的安全完整性与随机硬件危险失效有关，主要体现在安全仪表功能的运行过程中，与部件的功能退化及老化等有关；

（2）系统安全完整性等级。这部分的安全完整性与系统的危险失效有关，主要与系统设计、制造流程、变更改造、操作规范及文档记录等有关。

SIL 等级的评估是基于已存在的风险，并根据 IEC 61508、IEC 61511 的要求来执行风险等级的确定。该标准中将反应失效概率划分为四个范围，并对应相应的 SIL 等级。表 5-1 给出了与每一个 SIL

等级所对应的反应失效概率（PFD）的范围及相应的风险降低因子（RRF）。

表 5-1　安全完整性等级（SIL）及相应的 PFD 及 RRF

SIL	PFD	RRF
4	$10^{-5} \leqslant a < 10^{-4}$	$10^4 < a \leqslant 10^5$
3	$10^{-4} \leqslant a < 10^{-3}$	$10^3 < a \leqslant 10^4$
2	$10^{-3} \leqslant a < 10^{-2}$	$10^2 < a \leqslant 10^3$
1	$10^{-2} \leqslant a < 10^{-1}$	$10 < a \leqslant 10^2$

根据 IEC 61508、IEC 61511 的规定，安全完整性等级低于 SIL1 的保护功能可以通过基本工艺控制系统（BPCS）来实现，对于安全完整性等级大于或等于 SIL1 的保护功能来说，必须通过安全仪表系统来实现。

（1）SIL 等级评估的目的。

① 确保安全仪表功能设置合理；

② 确保安全保护功能可以完成，缓和不可避免灾害的风险；

③ 对识别不能达到 SIL 等级要求的安全仪表功能，进行更改，确保安全仪表功能满足安全完整性的要求；

④ 按照安全生命周期确保风险降低到可接受的范围内。

（2）术语定义以及符号说明。

IEC 61508、IEC 61511 标准中描述 SIL 的重要术语如下：

① 基本工艺控制系统（BPCS）。

BPCS 是指对来自工艺及其相关设备和可编程系统或操作员的输入信号做出响应，并对由此产生的输出信号所引起的工艺和其相关设备以需要的方式动作，但不执行 SIL1 及以上安全仪表系统的控制系统。

② 反应失效概率（PFD）、风险降低因子（RRF）。

PFD 是指在特定时间间隔内，某一系统或元件针对要求指令不能正确地做出反应的概率。风险降低因子（RRF）是表达风险降低程度的大小，是指初始风险（没有安全系统）与剩余风险（使用安全系统）的比值，此值为 PFD 的倒数。

③ 安全仪表功能（SIF）。

SIF 是指达到功能性安全的，并具有确定的安全完整性等级的安全功能，可以是安全仪表保护功能或安全仪表控制功能。

④ 安全完整性等级（SIL）。

SIL 是指为了确定安全仪表系统中的安全仪表系统的安全完整性要求的等级（离散的分级表示，从等级 1 至等级 4）。SIL4 具有最高安全系统完整性要求等级，而 SIL1 最低。

⑤ 安全仪表系统（SIS）。

SIS 是指执行一个或多个安全仪表系统的仪表系统，该系统由触发器、逻辑控制单元、执行机构组成。

⑥ 受保护设备（EUC）。

EUC 是指受安全仪表系统保护的，用于生产、工艺、输送或其他用途的设备、电器、仪表及装置。

5.3.4　HAZOP 分析

危险与可操作性分析是过程系统（包括流程工业）的危险（安全）分析（Process Hazard Analysis，PHA）中一种应用最广的评价方法，是一种形式结构化的方法，该方法全面、系统地研究系统中每一个元件，其中重要的参数偏离了指定的设计条件所导致的危险和可操作性问题。主要通过研究工艺管线和仪表图、带控制点的工艺流程图

（P&ID）或工厂的仿真模型来确定，应重点分析由管路和每一个设备操作所引发潜在事故的影响，应选择相关的参数，例如流量、温度、压力和时间，然后检查每一个参数偏离设计条件的影响。采用经过挑选的关键词表，例如"大于""小于""部分"等，来描述每一个潜在的偏离。最终应识别出所有的故障原因，得出当前的安全保护装置和安全措施。所做的评估结论包括非正常原因、不利后果和所要求的安全措施。

5.4 FMEA 分析流程介绍

5.4.1 分析流程

FMECA 分析流程如图 5-1 所示，主要包含以下步骤：

（1）进行设备层级（设备 / 子单元）划分；

（2）识别每个子单元的功能和失效模式；

（3）选择一个失效模式，识别典型的失效机理或原因；

（4）失效模式影响分析（FMEA）和风险评估；

（5）评估现有控制措施是否可以接受；

（6）对于不能接受的失效模式，提出额外的设计改进、风险控制和缓解措施；

（7）重复以上步骤，直至所有设备 / 子单元分析完毕。

5.4.2 系统划分和确定设备的技术层次

设备层级划分的方法依据是 ISO 14224，主要是将系统设备按地理位置与功能划分为不同的系统，对每个系统分析其关键设备，如图 5-2 所示。

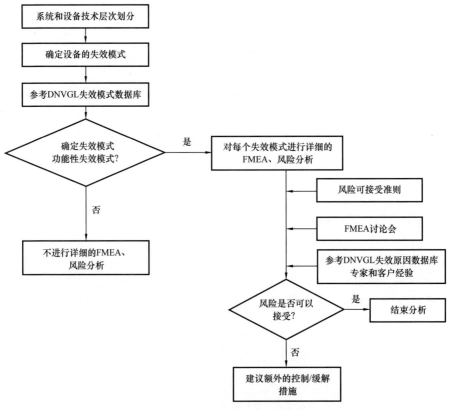

图 5-1　FMECA 分析流程

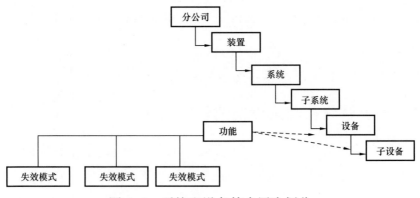

图 5-2　系统和设备技术层次划分

5.4.3　功能和失效模式

设备的功能是指在指定的工作环境和条件下，所期望实现的作用及其性能标准。功能一般分为主要功能和次要功能。

（1）主要功能（Primary Functions）：是使用该项资产的主要目的，如增压、传热、反应、输送或存储等；

（2）次要功能（Secondary Functions）：除主要功能外，对每种资产的附加期望值，诸如安全、控制、密封度、舒适度、结构的完整性、经济性、防护、运行效率、符合环保法规要求，甚至还包括资产的外观等。

功能失效是指故障 / 失效使得资产不能达到用户所能接受的、能满足绩效标准的功能。除了功能的完全失效外，功能性失效还包括部分失效，即资产仍然可工作，但是性能指标达不到要求；包括资产不能维持可接受的质量或精确度要求。只有当资产的功能和性能标准被定义清楚之后，才能清楚地识别功能性的失效模式。

失效模式是指故障的状态或形式，对于大多数典型的设备类型，ISO14224 标准给出了推荐的失效模式列表，举例见表 5-2。在进行 FMEA 分析时，还应考虑合理的可能的"失效模式"包括：

（1）同样运行环境下在同样或类似设备上已经发生的事件；

（2）在现有的维护体制下，正在被预防的故障事件；

（3）还没有发生、但是被怀疑极大可能发生的故障事件。

5.4.4　失效后果评估

失效后果的评估包含了安全，环境和经济损失。

表 5-2　转动设备的失效模式举例（来源于 ISO 14224）

失效模式代码	定义/描述	举例	CE 内燃机	CO 压缩机	EG 发电机	EM 电动机	GT 燃气轮机	PU 泵	ST 蒸汽涡轮机	TE 涡轮膨胀机
AIR	异常仪器读数	错误报警、仪表指示错误	×	×	×	×	×	×	×	×
BRD	事故	严重损坏（卡住、破裂）	×	×	×	×	×	×	×	×
ERO	不稳定输出	振荡、摆动、不稳定	×	×	×	×	×	×	×	×
ELF	燃料外漏	燃气或柴油外漏	×				×			
ELP	过程介质外泄	油、天然气、凝析油、水		×			×	×		×
ELU	有用介质外漏	润滑/密封油、冷却剂	×	×	×	×	×	×	×	×
FTS	不能按指令启动	不能启动	×	×	×	×	×	×	×	×
HIO	高输出	过速/过量	×	×	×	×	×	×	×	×
INL	内漏	润滑油中的过程介质	×	×			×	×	×	×
LOO	低输出	效率或功率在规范以下	×	×	×	×	×	×	×	×
NOI	噪声	非正常的噪声	×	×	×	×	×	×	×	×

续表

设备类型代码			CE	CO	EG	EM	GT	PU	ST	TE
OHE	过热	机器零件、排气、冷却剂	×	×	×	×	×	×	×	×
PDE	参数偏离	监测的参数超过允许值如高/低报警	×	×	×	×	×	×	×	×
PLU	封堵/阻塞	流体的约束限制	×	×	×		×	×	×	×
SER	工作中的小问题	零件松动、变色、脏污等	×	×	×	×	×	×	×	×
STD	结构性缺陷	材料损伤（裂纹、磨损、断裂、腐蚀）	×	×	×	×	×	×	×	×
STP	不能按指令停车	不能停车	×	×	×	×				
OTH	其他	上述未涵盖的失效模式	×	×	×	×	×	×	×	×
UNK	未知	不充分或遗漏的信息	×	×	×	×	×	×	×	×
UST	意外关停	意外关停	×	×	×	×	×	×	×	×
VIB	振动	非正常的振动	×	×	×	×	×	×	×	×

5.4.5　现有措施识别

针对功能性的失效模式，将识别现有的控制措施，包括可探测性、冗余设备，以及其他自动控制系统等。一般情况下，现有的控制措施均为积极主动的措施，其将只降低后果发生的可能性，而不改变后果的严重程度。

5.4.6　建议措施

项目实施和管理方应根据 FMEA 分析中提出的所有建议措施进行讨论，分析其合理性并分配相应的责任岗位，讨论采取降低风险的措施，并跟踪建议措施的落实情况。

5.5　SIL 评估方法

5.5.1　风险矩阵

SIL 评估常用的风险评价矩阵见表 5-3，风险评估过程中需要对风险矩阵中的可能性半定量指标及风险可接受标准进行统一。

5.5.2　风险可接受标准

根据风险矩阵，可接受频率是基于事故后果的。事故后果主要考虑如下几个方面：

（1）人员安全；

（2）环境影响；

（3）生产与经济损失。

上述关注后果的可接受频率及相关描述见表 5-4、表 5-5、表 5-6。

表 5-3　风险评价矩阵

可能性	F-5	经常发生：南海东部地区每年发生数次	$\geq 10^{-2}$	3	2	1	1	1
	F-4	很可能发生：海油系统内每年发生数次	$10^{-3} \sim 10^{-2}$	4	3	2	1	1
	F-3	可能发生：海油系统内发生过	$10^{-4} \sim 10^{-3}$	4	3	2	2	1
	F-2	极少发生：行业内听说过	$10^{-5} \sim 10^{-4}$	4	4	3	3	2
	F-1	基本不会发生：行业内从未听说	$< 10^{-5}$	4	4	4	4	3
风险矩阵				C-1	C-2	C-3	C-4	C-5
				后果严重等级（C）				

表 5-4　人员安全后果及可接受频率

类别	描述	可接受频率 /（次 /a）
C-5	（1）现场多人死亡； （2）现场以外一人致命，多人永久性残疾	10^{-6}
C-4	（1）现场中有一人致命，多人永久性残疾； （2）现场以外一人永久性残疾，多人暂时性残疾	10^{-5}
C-3	（1）现场一人永久性残疾，一人或多人一段时间无法工作（误工伤害）； （2）现场以外人员一人一段时间无法工作	10^{-4}
C-2	（1）现场人员一人或多人轻伤（可记录）； （2）现场以外一人可记录轻伤	10^{-3}
C-1	（1）现场急救或更轻； （2）不影响现场以外人员	10^{-2}

表 5-5　环境后果及可接受频率

类别	描述	可接受频率 /（次 /a）
C-5	100t 以上烃类及危险物质泄漏，现场以外地方长期影响	10^{-6}
C-4	10～100t 烃类及危险物质泄漏，对现场以外某些区域有长期影响	10^{-5}
C-3	1～10t 的失控性泄漏，对现场有长期影响，对现场以外区域无长期影响	10^{-4}
C-2	0.1～1t 的失控性泄漏，或者大量泄漏但未入水体或者土壤，现场没有长期损害	10^{-3}
C-1	0.1t 以下的泄漏，危险物质泄漏不影响现场以外区域，微损，可很快清除	10^{-2}

表 5-6　经济损失及可接受频率

类别	描述	可接受频率 /（次 /a）
C-5	财产损失：超过 1000 万人民币，对设施 / 结构造成重大损失，影响到邻近的结构，对现场以外的地方也有影响（如玻璃被击破）；业务中断：超过 500 万美元，超过一年，结构 / 设施需要重建	10^{-5}
C-4	财产损失：（100～1000）万人民币，重大设备损失，不影响设施以外地方；业务中断：（50～500）万美元，超过一个月，对设施的主要部分例如：容器，压缩机等进行更换 / 大修	10^{-4}
C-3	财产损失：（10～100）万人民币，受损，对众多小型设备如卷缆柱、仪表和小型钻管造成损坏；业务中断：（10～50）万美元，超过 1 周，对设施的一个主要部分进行更换 / 大修，设备维修 / 更换，大规模调试	10^{-3}
C-2	财产损失：（1～10）万人民币，小型设备局部受损；业务中断：（1～10）万美元，少于一个周，设备维修、调试	10^{-2}
C-1	财产损失：少于 1 万人民币，表面受损；业务中断：少于 1 万美元，少于 1 天，在设备不停止工作的情况下可完成维修	10^{-1}

5.5.3　保护层分析法（LOPA）

SIL 等级评估方法中的保护层分析法（LOPA）包含以下步骤，如图 5-3 所示。

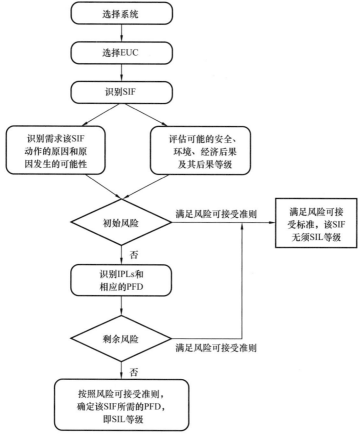

图 5-3　SIL 评估步骤

（1）系统划分及确定 EUC；

（2）识别每个 EUC 包含的安全仪表功能 SIF；

（3）分析需求 SIF 动作的触发原因及原因的失效频率；

（4）评价可能的安全、环境和经济后果及其严重等级（不考虑任何保护措施）；

（5）判断初始风险是否满足风险可接受准则（如果风险可接受，则该场景没有 SIL 等级要求，该场景分析结束）；如果不满足风险可接受准则，则进入下一步分析；

（6）识别该场景的独立保护层及其 PFD 值；

（7）判断剩余风险是否满足风险可接受准则（如果风险可接受，则该场景没有 SIL 等级要求，该场景分析结束）；如果不满足风险可接受准则，则进入下一步分析；

（8）根据剩余风险和可接受风险的差距，分配 SIF 的 SIL 等级；

（9）重复以上步骤，直至所有系统和 EUC 中的 SIF 分析完毕。

1）系统划分及 EUC 的确定

系统划分主要是将整个装置按照其功能或用途划分为不同的工艺系统，在不同的工艺系统中又可根据各系统的设备和仪表等组成及功能特性再细分为分系统。

在对装置进行系统划分后，确定系统中安全仪表系统所保护的设备，即 EUC。相互的关系如图 5-4 所示。

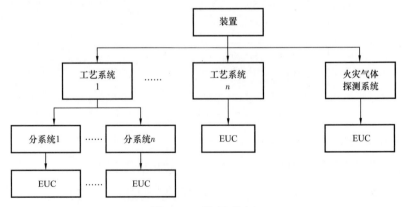

图 5-4　装置分级

2）确定安全仪表系统的 SIF

在确定 EUC 后，对每一个 EUC，分析其安全仪表系统的设置，在确定安全仪表系统的设置后，对每一个安全仪表系统应分析并描述其安全仪表功能 SIF。

安全仪表系统的设置是采用 RBD（Reliablity Block Diagram）方法，对每个安全仪表系统归类为触发器、逻辑控制单元和最终元件。图 5-5 为安全仪表系统的可靠性方块图（RBD）。

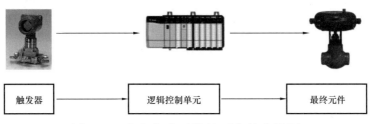

图 5-5　安全仪表系统的可靠性方块图

3）触发原因

造成需要安全仪表功能动作的原因称为触发原因，为了规范其失效可能性的评价，表 5-7 给出了原因的分类和频率。如果有实际的运行经验和设备失效历史数据，则可以使用实际的数据，并在评估中进行说明。

表 5-7　触发原因类型及其频率

触发原因	失效频率 /（次 /a）	数据来源
工艺管线泄漏（10% 截面积 /100m）	1.00×10^{-3}	AIChE CCPS
工艺管线破裂（小于等于 12in/100m）	1.00×10^{-4}	DNVGL
工艺管线破裂（大于 12in/100m）	1.00×10^{-5}	DNVGL
气体长输管道泄漏	2.97×10^{-4}	EGIG 9th（1970—2013）

续表

触发原因		失效频率 /（次 /a）	数据来源
气体长输管道破裂		3.30×10^{-5}	EGIG 9th（1970—2013）
自立阀失效		1.00×10^{-1}	AIChE CCPS
单台泵故障跳停		1.00×10^{-1}	AIChE CCPS
金属机械设备失效—无震动		1.00×10^{-3}	Chevron Phillips
金属机械设备失效—低震动		1.00×10^{-2}	Chevron Phillips
金属机械设备失效—高震动		1.00×10^{-1}	Chevron Phillips
基本工艺控制 BPCS 失效，完整的仪表回路，包含传感器、控制器和最终执行元件		1.00×10^{-1}	AIChE CCPS
单个仪表失效		1.00×10^{-1}	AIChE CCPS
多个仪表失效		1.00×10^{-2}	AIChE CCPS
小的外部火灾（总的原因）		1.00×10^{-1}	AIChE CCPS
大的外部火灾（总的原因）		1.00×10^{-2}	AIChE CCPS
操作者经过良好培训，有压力	至少每月一次的操作失误概率	1.00	BP
操作者经过良好培训，无压力		1.00×10^{-1}	BP
操作者经过良好培训，无压力，有独立人员检查		1.00×10^{-2}	BP
操作者经过良好培训，有压力	少于每月一次的操作失误概率	1.00×10^{-1}	BP
操作者经过良好培训，无压力		1.00×10^{-2}	BP
操作者经过良好培训，无压力，有独立人员检查		1.00×10^{-3}	BP

4）失效后果

评估每个触发原因造成的潜在安全、环境和经济后果。该失效后果的评估为不考虑现有的独立保护层的最有可能的后果，但是以下因素应考虑在失效后果评估中：

（1）后果场景发展的快慢，即从触发原因到可能后果的整个事件链发展过程；

（2）设备的设计参数，如设计压力，设计温度，额定流量等；

（3）现场是否经常有人员；

（4）被动的保护措施，如围堰、防火防爆墙等。

针对装置中最为典型的超压危害场景的评估，如果压力可能超过设计压力的 2.5 倍，则认为会发生容器或管线破裂和大量泄漏；如果压力大于设计压力但不超过设计压力的 1.5 倍，则认为短时间没有影响或者可能发生法兰处小泄漏；压力介于两者之间，则可能发生小到中等的泄漏。

5）独立保护层

一个场景可能需要一个或多个保护层来降低风险，这取决于过程的复杂性和潜在的后果严重程度。IPL（独立保护层）方法提供了一个评估给定场景风险的保护措施是否足够的一致性的基础，图 5-6 为保护层的示意图。

所有的 IPL 都是保护层，但是不是所有的保护措施都是 IPL，IPL需满足以下要求，典型的 IPL 及其 PFD 见表 5-8。

（1）有效性，一个保护层能够单独地起到预防一个潜在危害的发生或缓解该危害产生后果（如反应失控、有毒介质泄漏、容器超压破裂、火灾等）。该保护层至少能够降低相应的风险 10 倍；

（2）独立性，一个保护层需独立于同一危害评估所涉及的其他保护层，不受其他保护层失效的影响。尤其重要的是，保护层需与触发原因相独立；

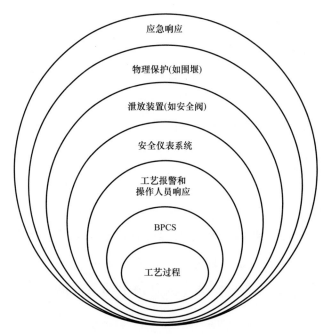

图 5-6　保护层示意图

表 5-8　独立保护层及其 PFD 值

独立保护层（IPL）	PFD	数据来源
BPCS（基本工艺控制系统）	1.00×10^{-1}	CCPS
LCP（现场控制盘）	1.00×10^{-1}	CCPS
工艺报警和人员响应（人员至少应有 15min 响应时间）	1.00×10^{-1}	Chevron Phillips
标准作业程序（SOP）	1.00×10^{-1}	Chevron Phillips
SIL1 回路	1.00×10^{-1}	CCPS
SIL2 回路	1.00×10^{-2}	CCPS
SIL3 回路	1.00×10^{-3}	CCPS
安全阀	1.00×10^{-2}	DNVGL
爆破片	1.00×10^{-2}	CCPS

（3）可审核性，能够提供相应的文件证书证明该保护层的可靠性，同时该保护层需设计成能够定期进行测试和维护，以验证和维持其功能。

6）修正系数

风险修正参数包括：

（1）使能因子。

导致场景发生的必要条件或事件，但不会直接导致场景的发生。该必要条件或事件所占的时间比例为使能因子（如反应器每年运行 9 个月，其余时间为再生操作，只有在反应操作时才有飞温风险，因此针对飞温场景的使能因子为 0.75）。

（2）人员暴露频率。

人员暴露在危险区域的概率。按照 IEC 61508 中 Risk Graph 方法的推荐，在场景影响区域，人员暴露频率小于 10% 的取 0.1，否则取 1。

（3）点火概率。

可燃介质泄漏点燃的概率。点火概率取决于泄漏物质和泄漏速率，一般取值为 0.1～1。

7）最终 SIL 等级的确定

根据所有原因发生的频率，造成的安全、环境及经济后果以及针对该场景所设置的 IPL，确定出不同后果所需的不同 SIL 等级，最后选取最高的 SIL 等级来作为安全仪表功能最终的 SIL 等级。

如果安全完整性等级低于 SIL1，则该保护功能通常可以通过基本工艺控制系统（BPCS）来实现；对于安全完整性等级大于或等于 SIL 1 的保护功能来说，必须通过安全仪表系统来实现。

5.5.4　SIL 验证计算

在确定了 SIF 所需 SIL 等级后，应对 SIF 的现有配置进行校核，以验证其现有配置是否能达到所需 SIL 等级的要求。而一个 SIF 所能达到的最高 SIL 等级受限于硬件的安全完整性。根据标准 IEC 61508 和 IEC 61511 要求，评估硬件安全完整性主要考虑两个方面：硬件的结构约束和随机失效概率。

5.6　HAZOP 分析

5.6.1　HAZOP 分析法规条文

根据相关法律、法规标准规范和政府有关文件的规定，对自控系统建设改造 HAZOP 分析项目，进行合规性、安全性和操作合理性分析评估，确认其满足国家相关法律、法规和标准规范要求，确保平台的本质安全。

相关依据标准包括但不仅限于：

（1）《危险与可操作性分析（HAZOP 分析）应用导则》（AQ/T 3049—2013）；

（2）《危险与可操作性分析》（IEC 61882—2016）；

（3）《化工建设项目安全设计管理导则》（AQ/T 3033—2022）。

5.6.2　风险矩阵

可能性等级、严重性等级、风险矩阵对照见表 5-9 和表 5-10。

频率按下述方法划分，如不能确定或意见不一致，则遵从就高不就低的原则：

（5）经常发生：南海东部地区每年发生数次；

（4）很可能发生：海油系统内每年发生数次；

（3）可能发生：海油系统内发生过；

（2）极少发生：行业内听说过；

（1）基本不会发生：行业内从未听说。

表 5-9　风险矩阵（一）

5	5	10	15	20	25
4	4	8	12	16	20
3	3	6	9	12	15
2	2	4	6	8	10
1	1	2	3	4	5
可能性	1	2	3	4	5
	严重性				

表 5-10　风险矩阵（二）

危害后果（HE）	概率（P）	风险（R）	控制措施
5	5	25	禁止作业，存在严重损失的可能。作业必须重新规划或采取更多的控制措施进一步降低风险。必须对这些控制措施进行全面评估，评估报告需提交陆地管理层主管副总经理批准，未经批准前不得开始作业
5	4	20	
4	5	20	
4	4	16	
5	3	15	
3	5	15	
4	3	12	应尽可能对作业中存在的危害进行重新界定或咨询专业人员和风险评估人员，在作业前将风险进一步降低，并由部门负责人批准实施
3	4	12	
5	2	10	
2	5	10	
3	3	9	

续表

危害后果（HE）	概率（P）	风险（R）	控制措施
4	2	8	
2	4	8	
3	2	6	可以在严格的监督和控制下进行作业。作业施工管理人员应在作业现场开展施工前检查以确定风险是否已降低
2	3	6	
5	1	5	
1	5	5	
4	1	4	
2	2	4	
1	4	4	
3	1	3	风险属可接受程度，但是需要再次审查以便了解是否可以进一步降低风险
1	3	3	
2	1	2	
1	2	2	
1	1	1	风险属可以接受程度，不需要采取更多措施

5.6.3 HAZOP 分析程序

对于多列平行装置/设备，仅对其中的单列装置/设备进行 HAZOP 分析，同时考虑不同列装置/设备之间的关联关系。对单列装置/设备 HAZOP 分析的结果与建议也同样适用于其他列装置。

HAZOP 分析程序流程如图 5-7 所示，具体内容解释如下：

（1）选择相关的流程部分作为节点（如单根管线）；

（2）明确设计意图和节点的工艺参数；

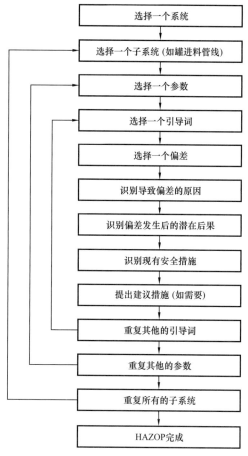

图 5-7　HAZOP 分析程序流程

（3）选择第一个工艺参数（如流量、温度等）；

（4）选择第一个引导词（如低、高等），与工艺参数构成偏差；

（5）讨论确定上述偏差的所有可能的原因；

（6）确定所有可能的原因造成的偏差引起的后果；

（7）确定针对所有的原因存在的安全措施；

（8）评估安全措施是否足够，确定是否需要增加安全措施以应对上述后果；

（9）选择下一个引导词，直至所有引导词讨论完毕；

（10）选择工艺参数，直至所有工艺参数讨论完毕；

（11）选择下一节点，直至所有节点讨论完毕。

上述讨论须经与会人员一致同意，并由 HAZOP 分析工程师当场记录。记录内容包括：节点，相关图纸，偏差，原因，后果，安全措施，建议措施及执行人。推荐的偏差见表 5-11。

表 5-11　HAZOP 偏差

编号	偏差
1	流量低/无
2	流量高
3	错误流向/倒流
4	压力低
5	压力高
6	液位低
7	液位高
8	温度低
9	温度高
10	污染/组分
11	腐蚀/冲蚀
12	泄漏/破裂
13	泄压
14	取样
15	仪表
16	公用工程
17	操作/维修

5.7 分析实例

5.7.1 安全预评价

以某油田群为例,对其实现台风模式进行的改造方案和改造作业开展安全预评价。该油田群包括 1 个井口平台(A 平台)、2 个钻采平台(B 平台和 C 平台),以及 1 艘 FPSO,海管连接情况参见前文 3.2 节。具体评价单元划分及其评价方法见表 5-12。

表 5-12 本项目评价单元划分及其评价方法

序号	预评价单元	预评价子单元	评价方法
1	平台及油轮内台风模式改造方案	FPSO 改造方案	对照经验法、危险源辨识法
2		A 平台改造方案	对照经验法、危险源辨识法
3		B 平台改造方案	对照经验法、危险源辨识法
4		C 平台改造方案	对照经验法、危险源辨识法
5	平台及油轮间通信及管道台风模式改造方案	海底管道置换方案	专题分析法、危险源辨识法
6		通信系统升级方案和远程监控方案	专题分析法、危险源辨识法
7	台风模式超限工况分析	台风模式超限工况分析	专题分析法、危险源辨识法
8	改造作业	改造作业	对照经验法、危险源辨识法
9	安全管理和应急管理	安全管理和应急管理	专题分析法、危险源辨识法

5.7.2 FMEA 分析

针对此油田群在自控模式下通信正常和通信失联情况下完成海管置换的 2 种功能开展 FMEA 分析,分析包含了海管置换时所涉及的工艺系统,电气系统及通信系统等。

（1）海管置换流程可靠性分析。

通过 FMEA 分析，可以确定设备的失效模式层次的可靠性数据，以及其对海管置换流程的影响。在此基础上，应用 DNV GL 的 RAM 技术及专业软件 MAROS 对海管置换流程的可靠性进行分析，以量化海管的置换成功率，识别出造成置换不能成功的主要原因，对设备的关键性进行了评估。通过对海管置换流程的可靠性分析和设备关键性评估，可以对影响置换流程的设备 / 失效模式进行排序，识别出可靠性瓶颈，为提高装置的可靠性提供改进的方向。

① 模型建立。

为了模拟海管的置换流程，利用 DNVGL 的专业软件 MAROS 建立一个海管置换的模型。建立的模型是由收集的相关项目信息组成。

海管的置换流程模型中各系统设备组件的逻辑关系以图示的形式表达出来，称之为可靠性方块图（RBD）。RBD 显示了模型中需要建立的各种关系，并指出设备各组件（串联或并联）的配置，以及设备失效对系统生产的影响。

② 可靠性数据。

海管置换流程模型中每个设备所使用的设备可靠性数据是从如下的资源获得的。

a. 海上设备可靠性数据手册（OREDA）；

b. DNVGL 故障数据库；

c. 无有效或可靠的数据时，根据工程师判断得到数据。

表 5-13 列出了本项目中分析模型中用到的所有设备的可靠性数据。

（2）设备层级划分。

此油田群 4 个设施的油田群自控模式海管和 FPSO 上部模块的置换流程的 FMEA 分析，共包含有 223 个设备项，其设备层级划分见表 5-14。

表 5-13　设备的可靠性数据

序号	设备类型	失效类型	失效数据 /（个 /10⁶h）	数据来源
1	海水提升泵	关键失效（CRT）	20.63	OREDA 2009
2	电动蝶阀	关键失效（CRT）	2.89	OREDA 2015
3	电动消防泵	关键失效（CRT）	10.51	OREDA 2015
4	气动球阀	关键失效（CRT）	3.69	OREDA 2015
5	自力式调节阀	关键失效（CRT）	0.79	OREDA 2015
6	气动调节阀	关键失效（CRT）	1.98	OREDA 2015
7	液动球阀	关键失效（CRT）	3.69	OREDA 2015
8	原油外输泵	关键失效（CRT）	23.64	OREDA 2015
9	电动球阀	关键失效（CRT）	3.69	OREDA 2015
10	柴油消防泵	关键失效（CRT）	16.03	OREDA 2015

表 5-14　油田群自控模式设备层级划分

装置	系统	子系统	设备
			子设备
A 平台	海管置换	置换工艺流程	海水提升泵
			海水提升泵出口电动阀
			电动消防泵
			电动消防泵出口切断阀
			电动消防泵出口调节阀
			海水总管去外输泵入口阀
			海水总管压力调节排海阀
			海水进入生产管汇总阀

续表

装置	系统	子系统	设备
			子设备
A 平台	海管置换	置换工艺流程	海水进入生产管汇 A
			海水进入生产管汇 B
			海水进入生产管汇 C
			生产汇管至生产分离器入口关断阀
			生产分离器油相出口切断阀
			氮气至生产分离器切断阀
			氮气至生产分离器调节阀
			生产分离器至火炬切断阀
			生产分离器至火炬调节阀
			原油外输泵
			原油外输泵出口关断阀
			海水至原油外输泵入口切断阀
			海管入口切断阀
			管批剂注入系统（包括注入泵、阀门等）
			降凝剂注入系统（包括注入泵、阀门等）
		供电系统	B 平台 35kV 母线至 A 平台海底电缆真空断路器
			B 平台海底电缆至 35kV 母线的真空断路器
			35kV 母线至 35kV/0.4kV 变压器的真空断路器
			A 平台 35kV/0.4kV 变压器
			A 平台 35kV/0.4kV 变压器至 0.4kV 母线空气断路器
			0.4kV 母线连接空气断路器

续表

装置	系统	子系统	设备
			子设备
A 平台	海管置换	供电系统	0.4kV 母线至应急母线空气断路器
			应急发电机
			应急发电机至应急母线空气断路器
B 平台	海管置换	置换工艺流程	海水提升泵
			海水提升泵出口电动阀
			电动消防泵
			电动消防泵出口切断阀
			电动消防泵出口调节阀
			海水总管压力调节排海阀
			海水进入生产管汇总阀
			海水进入生产管汇 DPP-M-1201B
			海水进入生产管汇 DPP-M-1201A
			海水进入生产管汇 DPP-M-1203A
			生产汇管至生产分离器入口关断阀
			生产分离器油相出口调节阀
			生产分离器油相出口关断阀
			海水生产总管至分离器油相出口阀
			柴消至分离器油相出口阀
			氮气至生产分离器切断阀
			氮气至生产分离器调节阀
			生产分离器至火炬切断阀

续表

装置	系统	子系统	设备
			子设备
B 平台	海管置换	置换工艺流程	生产分离器至火炬调节阀
			生产分离器放空阀
			原油冷却器
			海管入口切断阀
			A 平台进 B 平台海管入口切断阀
			A 平台跨越 B 平台海管入口切断阀
			流量计
			柴油消防泵
			柴油消防泵出口切断阀
			柴油消防泵出口调节阀
			柴油消防泵出口调节排海阀
			管批剂注入系统（包括注入泵，阀门等）
			降凝剂注入系统（包括注入泵，阀门等）
			柴油空压机
			B 平台液压站
		供电系统	应急发电机
			10.5kV 母线至 10.5kV/35kV 变压器的真空断路器
			10.5kV/35kV 变压器
			10.5kV/35kV 变压器至 35kV 母线的真空断路器
			35kV 母线至 B 平台海底电缆的真空断路器
			FPSO 电滑环

装置	系统	子系统	设备
			子设备
B 平台	海管置换	供电系统	B 平台海底电缆至 35kV 母线的真空断路器
			35kV 母线至 35kV/0.4kV 变压器的真空断路器
			B 平台 35kV/0.4kV 变压器
			B 平台 35kV/0.4kV 变压器至 0.4kV 母线空气断路器
			0.4kV 母线连接 0.4kV 空气断路器
			应急电至 0.4kV 母线空气断路器
			正常低压盘 0.4kV 母线与应急盘连接空气断路器
			钻井柴油发电机
			钻井柴油发电机至 0.69kV 母线空气断路器
			0.69kV 母线至 0.69kV/0.4kV 变压器空气断路器
			0.69kV/0.4kV 变压器
			0.69kV/0.4kV 变压器至 0.69kV 母线空气断路器
			0.69kV 母线至应急母线空气断路器
			B 平台新增 UPS
C 平台	海管置换	置换工艺流程	海水提升泵
			海水提升泵出口电动阀
			电动消防泵
			电动消防泵出口切断阀
			电动消防泵出口调节阀
			海水总管去外输泵入口阀
			海水总管压力调节排海阀
			海水进入生产管汇总阀

续表

装置	系统	子系统	设备
			子设备
C平台	海管置换	置换工艺流程	海水进入生产管汇A
			海水进入生产管汇B
			生产汇管至生产分离器入口关断阀
			生产分离器油相出口切断阀
			海水总管至生产分离器油相出口阀
			柴油消防泵至生产分离器油相出口阀
			氮气至生产分离器切断阀
			氮气至生产分离器调节阀
			生产分离器至火炬切断阀
			生产分离器至火炬调节阀
			原油外输泵
			原油外输泵出口关断阀
			原油外输泵回流至生产分离器调节阀
			原油外输泵组旁通阀
			原油冷却器
			海管入口压力调节阀
			流量计A
			流量计B
			海管入口切断阀
			柴油消防泵至海管入口切断阀
			柴油消防泵

续表

装置	系统	子系统	设备
			子设备
C 平台	海管置换	置换工艺流程	柴油消防泵出口切断阀
			柴油消防泵出口调节阀
			柴油消防泵出压力调节排海阀
			管批剂注入系统（包括注入泵，阀门等）
			降凝剂注入系统（包括注入泵，阀门等）
			柴油空压机
			平台液压站
		供电系统	FPSO 35kV 母线至 B 平台海底电缆真空断路器
			B 平台 35kV 母线至 C 平台海底电缆真空断路器
			B 平台海底电缆至 35kV 母线的真空断路器
			35kV 母线至 35kV/0.4kV 变压器的真空断路器
			C 平台 35kV/0.4kV 变压器
			C 平台 35kV/0.4kV 变压器至 0.4kV 母线空气断路器
			0.4kV 母线连接空气断路器
			应急发电机
			柴油发电机
			应急电发电机至应急母线空气断路器
			0.4kV 母线至应急母线空气断路器
			钻井柴油发电机至 0.69kV 母线空气断路器
			0.69kV 母线至 0.69kV/0.4kV 变压器空气断路器
			0.69kV/0.4kV 变压器

续表

装置	系统	子系统	设备
			子设备
C 平台	海管置换	供电系统	0.69kV/0.4kV 变压器至 0.69kV 母线
			0.69kV 母线至应急母线空气断路器
			上部模块 UPS
FPSO	上部模块置换	置换主工艺流程	B/A 平台至 FPSO 单点海管切断阀
			C 平台至 FPSO 单点海管切断阀
			B/A 平台至 FPSO 海管关断阀
			C 平台至 FPSO 海管关断阀
			B 平台至 FPSO 下不合格油舱关断阀
			C 平台至 FPSO 下不合格油舱关断阀
			热水至海水置换流程关断阀
			生产水泵
			一级生产分离器入口切断阀
			一级生产分离器油相出口关断阀
			一级生产分离器油相出口紧急切断阀
			一级生产分离器水相出口调节阀
			一级生产分离器水相出口紧急切断阀
			一级生产分离器氮气切断阀
			一级生产分离器氮气调压阀
			一级生产分离器至燃料气切断阀
			一级生产分离器至燃料气调节阀
			一级生产分离器调压放空阀

续表

装置	系统	子系统	设备
			子设备
FPSO	上部模块置换	置换主工艺流程	一级生产分离器跨越流程关断阀
			二级加热器出口关断阀
			二级加热器出口调节阀关断阀
			二级生产分离器入口切断阀
			二级生产分离器油相出口关断阀
			二级生产分离器水相出口调节阀
			二级生产分离器水相出口紧急切断阀
			二级生产分离器氮气切断阀
			二级生产分离器氮气调压阀
			二级生产分离器至燃料气调节阀
			二级生产分离器油相出口管线冲洗阀
			电脱给水泵过滤器下部污水出口切断阀
			二级生产分离器跨越流程关断阀
			电脱给水泵
			电脱 A 氮气调压阀
			电脱 A 氮气切断阀
			电脱 A 水相切断阀
			电脱 A 水位调节阀
			生产水进舱关断阀
			生产水进不合格水舱关断阀
			生产水进生产水舱关断阀
			电脱 B 氮气切断阀

续表

装置	系统	子系统	设备
			子设备
FPSO	上部模块置换	置换主工艺流程	电脱 B 氮气调压阀
			电脱 B 水相切断阀
			电脱 B 水位调节阀
			原油进舱关断阀
			原油进合格油舱关断阀
			原油进不合格油舱关断阀
		供电系统	主发电机
			应急发电机
			主发电机至 10.5kV 母线真空断路器
			10.5kV 母线间连接断路器
			10.5kV 母线至上部模块变压器的真空断路器
			FPSO 上部模块变压器
			FPSO 上部模块变压器至 0.4kV 母线空气断路器
			0.4kV 母线间连接空气断路器
			应急电至 0.4kV 母线空气断路器
			正常盘与应急盘连接断路器
			10.5kV 母线至船体 6.3kV 变压器的真空断路器
			FPSO 船体变压器
			FPSO 船体变压器至 6.3kV 母线
			6.3kV 母线连接断路器
			FPSO 上部模块主 UPS

续表

装置	系统	子系统	设备
			子设备
	油田群安全网络通信		陆地 SIS 网关
			陆地 SIS 安全网络交换机
			陆地网络交换机
			陆地路由器
			陆地工控防火墙
			陆地卫星射频倒换系统及通信地球站
			平台端卫星射频倒换系统及通信地球站
			平台端卫星链路工控防火墙
			平台端卫星链路路由器
			平台端网络交换机
			平台端 SIS 网关
			平台端 SIS 网关交换机
			光端机
	置换专用控制系统		置换专用控制系统

针对上表中 4 个设施的海管或 FPSO 上部模块的置换流程包含的 223 个设备项，识别了每个设备的功能性失效模式，并针对每个失效模式开展了 FMEA 分析，还针对评估发现的主要问题提出了相关的建议。

5.7.3　SIL 分析

（1）受改造影响的安全仪表功能的风险场景识别。

根据该油田群自控系统建设项目各海上生产设施的 P&ID 图纸及

其工艺改造内容进行 SIL 分析，梳理出因改造而可能受到影响的安全仪表功能（SIFs）共 13 个，见表 5-15，因改造而需要进行分析的新增工艺场景有 6 个，见表 5-16。

表 5-15　受改造影响的安全仪表功能（SIFs）

序号	系统	SIF 名称	SIF 描述	影响原因	SIF 所在管道仪表流程图（P&ID）示例
1	A 平台	PAHH1503	A 平台去 B 平台海管压力高高保护	XV8001/2004（FC）故障关闭	MD（BD）-DWG-WHPA-PR-1501（REV.0）
2	B 平台	PAHH1503	B 平台去 FPSO 海管压力高高保护	XV8001/2004（FC）故障关闭	MD（BD）-DWG-DPP-PR-1501（REV.0）
3		LAHH2004	生产分离器油位高高保护	XV2011（FC）故障关闭	MD（BD）-DWG-DPP-PR-2001（REV.0）
4	C 平台	PAHH1503	C 平台去 FPSO 海管压力高高保护	XV8008/2004（FC）故障关闭	MD（BD）-DWG-DPP-PR-1501（REV.0）
5		PAHH2023	外输泵出口压力高高保护	PIC2002 控制故障	MD（BD）-DWG-DPP-PR-2002（REV.0）
6		LALL2004	生产分离器油位低低保护	PIC2002 控制故障	MD（BD）-DWG-DPP-PR-2001（REV.0）
7	FPSO	PALL2014	一级生产分离器压力低低保护	改造阀门 XV2004（FC）故障关闭	MD（BD）-DWG-FPSO（TS）-PR-2002（REV.0）
8		LALL2012	一级生产分离器油水界位低低保护	改造阀门 XV2004（FC）故障关闭	MD（BD）-DWG-FPSO（TS）-PR-2002（REV.0）

续表

序号	系统	SIF 名称	SIF 描述	影响原因	SIF 所在管道仪表流程图（P&ID）示例
9	FPSO	LAHH2014	一级生产分离器油位高高保护	XV2006/2007（FC）故障关闭	MD（BD）-DWG-FPSO（TS）-PR-2002（REV.0）
10		LALL2032	二级生产分离器油水界位低低保护	XV2006/2007（FC）故障关闭	MD（BD）-DWG-FPSO（TS）-PR-2005（REV.0）
11		LAHH2033	二级生产分离器油位高高保护	XV2009（FC）故障关闭	MD（BD）-DWG-FPSO（TS）-PR-2005（REV.0）
12		LAHH3023	二级气浮液位高高保护	XV3017（FC）故障关闭	MD（BD）-DWG-FPSO（TS）-PR-3002（REV.0）
13		LAHH6602	滑环漏液罐液位高高保护	ESDV2001/2006执行机构改造	DD-DWG-SPM-PR-18998

表 5-16　因改造而新增的工艺场景

序号	系统	新增场景描述	影响原因	SIF 所在管道仪表流程图（P&ID）示例
1	A 平台	波纹板拦截单元（V-3001A/B）油腔污油液位高高	XV3013（FC）故障关闭	MD（BD）-DWG-DPP-PR-3001（01/02）（REV.0）
2	B 平台	闭排泵 P-6601A/B 出口憋压	MOV6601（FC）故障关闭	MD（BD）-DWG-DPP-PR-6602（REV.0）
3		气浮单元（V-3001A～D）油腔污油液位高高	XV3011（FC）故障关闭	MD（BD）-DWG-DPP-PR-3005～3008（REV.0）

续表

序号	系统	新增场景描述	影响原因	SIF所在管道仪表流程图（P&ID）示例
4	C平台	闭排泵 P-6601A/B 出口憋压	XV2005（FC）错误关闭	MD（BD）-DWG-DPP-PR-6602（REV.0）
5		气浮单元（V-3001A/B）油腔液位高高	XV3001（FC）故障关闭	MD（BD）-DWG-DPP-PR-3002/3003（REV.0）
6	FPSO	生产水泵 P-3051A/B 出口憋压	XV3001（FC）故障关闭	MD（BD）-DWG-FPSO（HULL）-PR-3010（REV.0）

（2）SIL 等级评估结果。

在确定工艺系统的安全仪表功能后，对于所有的安全仪表功能进行相应的场景辨识，场景辨识过程如下：

① 分析造成 SIF 动作的原因；

② 分析此原因发生的频率；

③ SIF 失效后造成的后果。

场景辨识完成后，按照现有安全仪表功能的配置，使用 LOPA 法对上述受到改造影响的 13 个安全仪表功能所需的 SIL 等级和 6 个新增场景进行了分析。分析结果显示，所分析的 13 个 SIF 回路中，SIL1 的 SIF 回路有 9 个，SILa 的 SIF 回路有 4 个；所分析的 6 个新增场景风险基本都可以接受，不需要新增 SIF 或其他措施。

（3）SIL 验证计算结果。

根据 SIL 评估结果，该油气田群此次受改造影响的 SIF 联锁回路中有 9 个 SIL1 的 SIF 回路。因此，需对这 9 个 SIL1 的联锁回路开展

SIL 验算，以确定是否能满足所需 SIL 等级的要求。

根据目前该油气田群安全仪表系统的配置、所选用的可靠性数据及相关假设条件，按照测试周期为 1 年的情况下，对这 9 个 SIL1 及以上的 SIF 回路的硬件随机失效率 PFD 值进行了计算；并根据 IEC 61508 中确定硬件结构约束的路径 1H，对处理站内的 SIF 进行了硬件结构约束校核。根据验证结果，在目前的配置及设备选型条件下，所有 9 个 SIL1 的安全仪表回路均能满足其要求的 SIL 等级要求和 PFD 值。

5.7.4　HAZOP 分析

（1）油轮上模流程改造说明。

① 有人生产：设施有人员时的生产。

② 自控系统下生产：第一种工况、第二种工况、第三种工况、失联工况。

a. 第一种工况：油轮主机正常运行情况下，生产正常生产，陆地和设施通信正常；

b. 第二种工况：油轮失主电，应急发电机启动或备用发电机启动，并反送电，陆地和设施通信正常；

c. 第三种工况：油轮没有主电，应急发电机或备用发电机均不能启动，陆地和设施通信正常；

d. 失联工况：陆地和海上失去通信。

● 工艺流程置换简要流程：海管→上岸管汇→一级分离器罐体→二级分离器罐体→电脱水增压泵→电脱罐罐体→下不合格原油舱。

● 上模旁通管线置换简要流程：海管→上岸管汇→一级分离器旁通管线→二级分离器旁通管线→电脱水增压泵旁通管线→电脱罐罐体

→下不合格原油舱。

● 海管置换简要流程：海管→不合格原油舱。

（2）C平台上模流程改造说明。

① 有人生产：设施有人员时的生产。

② 自控系统下生产：第一种工况、第二种工况、第三种工况、失联工况。

a. 第一种工况：平台主电正常，可以正常生产及生产ESD后工艺及海管扫线，通信正常（正常电）；

b. 第二种工况：平台失主电，启动应急发电机及钻机发电机反送电后工艺及海管扫线，通信正常（应急电）；

c. 第三种工况：平失主电，应急发电机及钻机发电机启动失败，工艺及海管扫线，通信正常（失电）。

d. 失联工况：通信失联，海管扫线（失联）。

工艺流程置换简要流程：管汇→分离器→外输泵→海管。

第四种工况直接置换海管。

（3）B平台上模流程改造说明。

① 有人生产：设施有人员时的生产。

② 自控系统下生产：第一种工况、第二种工况、第三种工况、失联工况。

a. 第一种工况：油轮主机正常运行情况下，生产正常生产，陆地和设施通信正常；

b. 第二种工况：油轮失主电，应急发电机启动或备用发电机启动，陆地和设施通信正常；

c. 第三种工况：油轮没有主电，应急发电机或备用发电机均不能启动，陆地和设施通信正常；

d.第四种工况：陆地和海上失去通信。

● 工艺流程置换 1：海水提升泵→生产管汇→生产分离器→原油冷却器→海管→油轮。

● 工艺流程置换 2：海水提升泵→生产分离器油相管线→原油冷却器→海管→油轮。

● 工艺流程置换 3：柴油消防泵→生产分离器油相管线→原油冷却器→海管→油轮。

（4）A 平台上模流程改造说明。

自控系统下生产：第一种工况、第二种工况、第三种工况、失联工况，A 平台只考虑第一、二种工况。

① 第一种工况：平台主电正常，可以正常生产及生产 ESD 后工艺及海管扫线，通信正常；

② 第二种工况：油轮失主电，应急发电机启动，陆地和设施通信正常。

● 工艺流程置换：海水提升泵→生产管汇→生产分离器→原油外输泵→海管→B 平台。

● 海管置换：海水提升泵→生产分离器油相管线→原油外输泵→海管→B 平台。

（5）HAZOP 分析范围。

为确保 4 个设施的本质安全，该油田群自控系统建设项目中HAZOP 分析包括以下改造单元：

① 油轮—海管下舱管汇改造；

② 油轮——级、二级分离器流程改造；

③ 油轮—电脱系统及原油冷却改造；

④ 油轮—气浮单元改造；

⑤ 油轮—辅助系统改造；

⑥ 油轮—工艺水舱改造；

⑦ 油轮—船体机械部分改造；

⑧ C 平台生产管汇改造；

⑨ C 平台生产分离器流程改造；

⑩ C 平台原油外输泵流程改造；

⑪ C 平台清管发球器流程改造；

⑫ C 平台辅助系统改造；

⑬ B 平台生产管汇改造；

⑭ B 平台生产分离器 / 收、发球器流程改造；

⑮ B 平台辅助系统改造；

⑯ A 平台主工艺系统改造；

⑰ A 平台辅助系统改造；

⑱ 安全系统改造。

（6）HAZOP 分析范围与节点划分。

该油田群自控系统建设项目的 HAZOP 分析范围与节点划分见表 5-17。

表 5-17　HAZOP 分析范围与节点划分

节点号	节点描述	图纸号示例
A 平台 -1	主工艺系统改造	MD（BD）-DWG-WHPA-PR-1003/1201/1202/1203/1501/2002/2003
A 平台 -2	辅助系统改造	MD（BD）-DWG-WHPA-PR-3003/3401/3402/3604/3605/3607/3608/3611/3701/3801/4001/4002/7001
B 平台 -1	生产管汇改造	MD（BD）-DWG-DPP-PR-1201/1202/1203
B 平台 -2	生产分离器 / 收、发球器流程改造	MD（BD）-DWG-DPP-PR-2001/1501/1502

续表

节点号	节点描述	图纸号示例
B 平台 -3	辅助系统改造	MD（BD）-DWG-DPP-PR-3008/3009/3201/ 3203/3401/3402/3602/3607/3609/3701/3701（02）/ 3702/3801/3802/4001/4002/6601
C 平台 -1	生产管汇改造	MD（BD）-DWG-DPP-PR-1201/1202
C 平台 -2	生产分离器流程改造	MD（BD）-DWG-DPP-PR-2001
C 平台 -3	原油外输泵流程改造	MD（BD）-DWG-DPP-SA-6002/ MD（BD）-DWG-DPP-PR-2002
C 平台 -4	清管发球器流程改造	MD（BD）-DWG-DPP-PR-1501
C 平台 -5	辅助系统改造	MD（BD）-DWG-DPP-PR-3004/3201/3203/3401/ 3402/3603/3604/3605/3608/3609/3701/3702（02）/ 3801/4001/4002/7001/ AB-DWG-DPP（MDR）- PR-3201
FPSO-1	海管下舱管汇改造	MD（BD）-DWG-FPSO（TS）-PR-8005
FPSO-2	一级、二级分离器流程改造	MD（BD）-DWG-FPSO（TS）-PR-2002/2004/2005
FPSO-3	电脱系统及原油冷却改造	MD（BD）-DWG-FPSO（TS）-PR-2006/2007/ 2008/2010/2011
FPSO-4	气浮选单元改造	MD（BD）-DWG-FPSO（TS）-PR-3001/3002
FPSO-5	辅助系统改造	MD（BD）-DWG-FPSO（TS）-PR-3401/3402/ 3601/3604/3801/3802/5101/5102/6602/7001/7109
FPSO-6	工艺水舱改造	MD（BD）-DWG-FPSO（HULL）-PR-3010
FPSO-7	船体机械部分改造	M40218-461-001/511-001/465-001/528-001/463- 001/533-002/512-001
SA	安全系统改造	MD（BD）-DWG-DPP-SA-6002/6101/ MD（BD）-DWG-FPSO（HULL）-GE-6801

（7）HAZOP 分析结果。

按照 5.6.3 所述 HAZOP 分析程序开展分析，通过分析，报告给出了具体建议 33 项和通用建议 1 项。通用建议为：建议针对第四种工况的一键置换对直接下舱流程和上模流程置换时间的确认进行专题研究。

第6章 自控系统建设创新实践技术

6.1 高凝固点油田油井停产不压井应用技术

6.1.1 技术应用背景

某平台原油凝固点在27℃左右，根据油井特性，常规操作模式下单井长时间关停，需要对含水低于85%的油井挤压柴油，将原油压进地层或电潜泵吸入口附近，避免因为温度降低出现原油凝固堵管的风险。因此，海上设施每次避台或关停，需要消耗大量柴油和时间。

如果在台风模式运行过程中，生产系统发生关停，陆地操控中心远程操控压井作业，则需要解决一系列难题。如柴油压井泵需要远程启停，则每一口单井采油树翼阀（图6-1）的第一组阀都要改造为远

图6-1 某油田平台井口区采油树

程控制阀门，根据估算，一个油田自控系统建设中的压井系统改造就需要花费数千万元。同时柴油压井泵远程启动，无人条件下柴油憋压，泄漏的安全作业风险高，可靠性差和改造难度大。

考虑自控系统建设的安全性和经济性，提出了一个创新性想法，取消压井作业。为了验证这一想法，油田现场开展了一系统停井不压井分析和测试，在理论和实践两个方面验证停井不压井操作的可行性。

6.1.2　技术分析及论证

（1）理论分析。

① 分析井筒保温作用：根据油井井身结构，油管与两层套管，以及油管与套管之间，套管与套管之间形成环空，起到了很有效的保温效果，有效隔绝海水的低温对油管中油的直接热传递。另外环空中通道直接连接地层深处，地层深处的热量部分向上传导对流，起到一定保温作用。

② 分析井筒摩阻作用：部分油田在测试过程中，出现原油上浮析蜡或凝固，根据地温梯度 4.2℃ /100m，冷凝的管段长度也很有限度，部分海底附近的管段发生"栓塞"的现象，电潜泵排压能够克服井筒摩阻，油井启动不受影响。

③ 分析井筒静液面回落及气顶作用：油井停止后，井筒中液位都会回落，并在井筒中析出足量气体，在油管上方形成一段气柱。生成气柱使得油管中的原油避开了海床底部最低温度会发生冷凝的"危险管段"。

经过上述分析，结合每口单井特点计算，设施各井都不会发生井筒凝固。

（2）停井不压井实验测试。

以某油田为例，自 2019 年 12 月初开始，截至 12 月 30 日，完成对两个设施的五口试点油井（表 6-1）的停井不压井的现场测试工作，测试情况如下。

表 6-1　油田停井不压井试点油井

试点油井	凝固点 /℃	含水率 /%
平台 1-A2	30	61
平台 1-A22	26	45
平台 2-A8	28	71
平台 2-A3	23	22
平台 2-A9（自喷井）	26～28	0

梯度测试：从高含水、低凝固点油井开始含水率为 70%、40%、20%，凝固点为 20℃、24℃、26℃，逐一停井不压井，关停 7 天后，油井开井正常。其中最后一口测试井，凝固点为 26～28℃，含水率为 0，关停 7 天，开井正常。

油井停井后，井筒中液位都会回落，并在井筒中析出足量气体，在油管上方形成一段气柱。如图 6-2 所示，从各井计算数据：

① 平台 1-A2 井：静液柱高度泥线以下 161m；

② 平台 2-A8 井：静液柱高度泥线以下 280m；

③ 平台 2-A3 井：静液柱高度泥线以下 30m；

④ 平台 2-A9 井（自喷泵）：生成气柱使得油管中的原油避开了海床底部最低温度会发生冷凝的"危险管段"。

上述情况各井都不会发生井筒凝固，油井停井后正常启井。

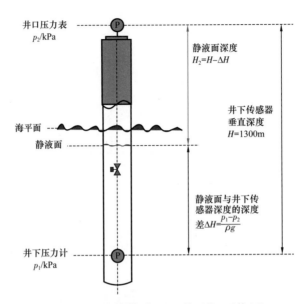

图 6-2　井筒静液面回落及气顶作用

6.1.3　应用效果

综上所述，通过停井不压井试验及研究，在自控系统建设项目中取消了压井泵、采油树、井口盘等改造工作，同时节省大量柴油，每年仅此一项在该油田预计就可以节省费用数百万元。

6.2　降凝剂筛选及停输流动性保障技术

6.2.1　技术应用背景

在台风模式运行工况下，考虑一种极端情况：如果发生生产关停或失联，同时各种海管置换措施失效。这种情况下，如何兜底保障海管的安全？防止海管堵塞？根据这个思路，项目中创新性提出和实践了降凝剂和降黏剂的应用。

6.2.2　降凝剂的筛选及原油流动性试验

在某油田群自控系统建设项目中开展了降凝剂实验，结合药剂公司研究药剂选型，优选出两种降凝剂和一种降黏剂。

（1）改造药剂储罐和注入流程，并制定实验方案，精细组织开展正常生产工况下药剂注入试验（表 6-2）。

表 6-2　油田含水率对凝固点影响试验

序号	名称	预热温度 /℃	含水率 /%	凝固点 /℃	降凝剂加注1900mg/L
1	A、B 平台混合油	80	0	26.5/26	15
2	A、B 平台混合油	80	15	25	15
3	A、B 平台混合油	80	30	25	15
4	A、B 平台混合油	80	40	25	15
5	C 平台	80	0	27	15
6	C 平台	80	15	26	15
7	C 平台	80	30	26	15
8	C 平台	80	40	26	15

（2）在陆地搭建模拟环路，开展停输环路和再启动实验，如图 6-3 所示。

（3）分别在海上平台开展台风期间停输后流动性试验。

① A 平台台风期间停输后流动性试验（表 6-3）。

A 平台原油流动性试验结论：

a. A 平台原油不同含水率下降至环境温度静置后管线内都无结蜡现象；

b. A 平台不同含水率原油在经过循环及降温冷却后，泵可以启动。

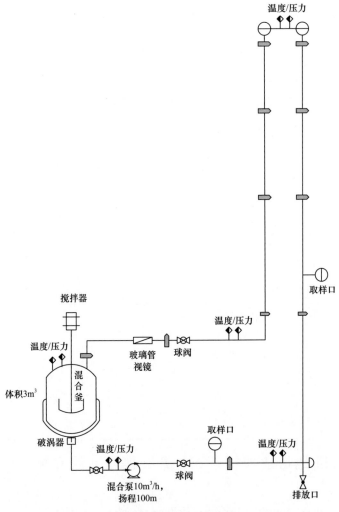

图 6-3 停输环路和再启动实验（冬季）

正常循环压力为 0.135MPa，不加降黏剂情况下，70% 含水时泵最大启动压力为 0.18MPa；40% 含水时泵最大启动压力为 0.35MPa，为正常循环压力的 2～3 倍。建议在不加降黏剂情况下，含水率控制在 70%以上；

表 6-3　A 平台台风期间停输后流动性试验方案

试验管段	循环量 / L	温度 / ℃	药剂添加情况	设计含水率 / %	原油加入量 / kg	生产水加入量 / kg
A 平台至 B 平台海管	700	70	不加降黏剂	90	66.829	630
	700	70	不加降黏剂	80	133.658	560
	700	70	不加降黏剂	70	200.487	490
	700	70	不加降黏剂	60	267.316	420
	700	70	不加降黏剂	50	334.145	350
	700	70	不加降黏剂	40	400.974	280
	700	70	添加降黏剂（2000mg/L）	40	400.974	280
	700	70	添加降黏剂（2000mg/L）	30	467.803	210

c. 30% 含水 + 降黏剂确认试验静置 6 天后，泵最大启动压力与正常循环压力一致，起泵时压力平稳，环道内未发生结蜡，介质流动性良好。

② C 平台台风期间停输后流动性试验（表 6-4）。

C 平台原油不加降凝剂含水率 70% 与加降凝剂含水率 30% 的试验效果，如图 6-4 所示。

C 平台原油流动性试验结论：

a. C 平台原油空白试验在含水率 90% 时，启泵压力波动较小，环路循环正常；原油空含水率 80% 时不加降凝剂情况下，启泵压力突增，为正常循环时的 4～5 倍，环路可以循环，环道内部发生结蜡；原油在不加降凝剂情况下，建议含水率应控制在 80% 以上；

表 6-4　C 平台台风期间停输后流动性试验方案

试验管段	循环量 / L	温度 / ℃	药剂添加情况	设计含水率 / %	原油加入量 / kg	生产水加入量 / kg
C 平台至 FPSO	700	70	不加降凝剂	90	57.26	630
	700	70	不加降凝剂	80	114.52	560
	700	70	不加降凝剂	70	171.78	490
	700	70	添加降凝剂（1900mg/L）	50	286.30	350
	700	70	添加降凝剂（1900mg/L）	40	343.56	280
	700	70	添加降凝剂（1900mg/L）	30	400.82	210
	700	70	添加降凝剂（1900mg/L）	20	458.08	140
	700	70	添加降凝剂（1900mg/L）	10	515.34	70

(a) 不加降凝剂含水率70%试验

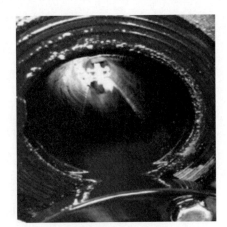

(b) 加降凝剂含水率30%试验

图 6-4　C 平台原油流动性试验效果

　　b. 20% 含水原油 + 新配降凝剂，确认试验静置 7 天后，最大起泵压力 0.11MPa，起泵压力平稳，水平段管体有一半结蜡，蜡晶松软。虽然起泵压力正常，建议注入降凝剂的情况，含水率控制在 30% 以上。

　　③ B 平台台风期间停输后流动性试验（表 6-5）。

表 6-5　B 平台台风期间停输后流动性试验方案

试验管段	循环量 / L	温度 / ℃	药剂添加 情况	设计 含水率 / %	原油 加入量 / kg	生产水 加入量 / kg
B 平台至 FPSO	700	70	不加降凝剂	90	59.311	630
	700	70	不加降凝剂	80	118.622	560
	700	70	不加降凝剂	70	177.933	490
	700	70	添加降凝剂 （1900mg/L）	45	326.211	315
	700	70	添加降凝剂 （1900mg/L）	35	385.522	245
	700	70	添加降凝剂 （1900mg/L）	25	444.833	175
	700	70	添加降凝剂 （1900mg/L）	15	504.144	105

　　B 平台原油不加降凝剂含水率 70% 与加降凝剂含水率 15% 的试验效果，如图 6-5 所示。

(a) 不加降凝剂含水率70%试验

(b) 加降凝剂含水率15%试验

图 6-5　B 平台原油流动性试验效果

B 平台原油流动性试验结论：

a. B 平台原油空白试验在含水率 70% 时，启泵压力升高，为正常循环时的 2.5 倍，环路可以循环；70% 含水为停输后重新起泵的一个拐点，建议在不加降凝剂情况下，含水率控制在 70% 以上；

b. 15% 含水原油 + 新配降凝剂，确认试验结果良好，静置 3 天，起泵温度 16℃，启泵时泵出口压力平稳，最大压力为正常运行时的压力 0.11MPa；

c. A 平台原油混入后能起到很好的蜡晶分散作用。

6.2.3　应用效果

综上所述，通过降凝剂筛选实验、台风期间停输流动性规律研究，总结出每个平台在不同的工况环境下含水量和降凝剂的合理配比，明确海管不同含水情况下药剂注入量，并根据调整井作业进展，测定原油凝固点变化，持续优化药剂注入浓度，形成固定机制，建立海管安全的最后一道屏障。

6.3　钻井发电机反向供电技术

6.3.1　技术应用背景

通常供电系统是自上而下供电，如发电机至变压器，变压器至主母线，主母线至分支母线，分支母线至负载设备的供电顺序。而在一些特殊情况下，如主供电电源发生故障时要使用备份电源，就要将备用发电机输出至分支母线的电反向供给主母线，再由主母线供给其他分支母线设备负载，这种供电方式称之为反向供电。

一般情况下，油轮主机运行正常，有主电，海陆通信正常，应急发电机未启动，此工况下不需要启动反送电流程。但当主机停机（失主电），就需要启动应急发电机，需要进行反向送电至船体和上模各个主母线。

平台端为了实现组块应急发电机的备份，分别改造了钻井发电机及其反送电至组块应急盘的开关及风机风闸等，以实现应急机不能正常供电情况下的扫线、置换和排空。

6.3.2　钻井发电机反向供电改造方案

以某油田群自控系统建设为例，在台风模式运行期间（海上无人），如遇 FPSO 主发电机关停，平台应急发电机启动失败，此时，平台模块钻机柴油发电机（图 6-6）远程启动，反送电至组块，为海管置换的相关设备供电，需进行供配电改造。改造模块钻机柴油发电机，使其具备远程启停和 PMS 监视其运行状态的功能；改造反送电相关开关，使其具备远程启停和 PMS 监视其运行状态的功能；为组块应急机和模块钻机应急段供电的开关设置互锁功能，以防误并车。

图 6-6 平台模块钻机柴油发电机

（1）建立反送电模式选择电路。

在 PMS 程序控制逻辑中进行升级改造：远程操作界面增加反送电模式操作画面按钮，当切换至反向送电模式时，将此标识开关状态输出至相关的断路器控制回路，形成闭锁条件，保证供电系统安全操作。

（2）反送电模式下主电源开关跳闸闭锁。

为避免原有供电开关断路器在未断开的情况下进行反向送电操作，两路电源同时接入主母线造成供电设备损坏，必须保证反送电模式时断开部分回路断路器，并保证反送电过程中这部分断路器无法进行合闸操作。

（3）母联开关合闸和跳闸回路旁通。

在各个母联开关建立前一段母线的带电检测回路，带电检测信号与反送电信号串联作为合闸旁通和跳闸旁通的条件（为防止母联开关闭合后带电检测电路失效，中间继电器作了自保持），主要旁通各母联开关正常模式、避台模式、黑启模式与反送电模式下有冲突的联锁信号，不包含保护跳闸、远程、就地操作等信号。

（4）建立 ACB 控制电源选择电路。

设置母线控制回路互锁，避免反送电操作导致的其他母线送电冲突。控制电源选择电路设计要点如下：在控制回路上增加反送电模式条件；防止控制电源绕开主开关反灌到另一侧母排上（加装电气联锁隔离接触器，并设置延时闭合电路）；防止在另一侧母排带电后隔离接触器吸合，设置控制互锁。

（5）钻井发电机控制盘改造。

钻井发电机控制盘改造主要实施方法：

① 手动 / 自动切换，在备用点增加手自动控制，编写程序实现手自动功能；

② 远程复位、远程模式转换（0——停止、1——怠速、2——满速、3——发电及 4——并网，共 5 种模式）电池控制，通过硬线改造接入中控系统；

③ 发电机电池开关脱扣，增加电操，实现远程分合闸；

④ 信号切除，通过手自动切换继电器来切除模式开关，隔离远控信号干扰；

⑤ 将控制盘监测数据上传。

6.3.3　应用效果

经过以上改造，当主电或发电机停机后，发电机断路器跳闸，断开主供电，主母线失电。远程（中控或陆地）将 PMS 供电模式更改为反送电后，各个供电母线分支电气逻辑互锁，反向送电准备就绪。启动钻井发电机后，断路器闭合，主母线得电，根据需要闭合分支母线，此时反送电成功。

6.4 基于电操机构的抽屉柜改造技术

6.4.1 技术应用背景

自控系统建设项目改造过程中，需通过对现有设施进行适当改造，实现在陆地对各类海上生产设施的远程监控，实现实时监控、远程操作和安全关断。按功能设计要求，须对原设施上的大量 MCC 低压抽屉的手动开关进行替换，改造为电动操作机构。

受制于老旧盘柜空间尺寸、拆除抽屉柜手操机构后，无法保证分合闸操作和 MCC 抽屉位置信号（抽出 / 实验 / 连接）安全互锁问题，容易产生一次拉弧现象，不符合相关安全规范。

6.4.2 安全互锁的设计要求

由于原设施上 MCC 开关柜，厂家和型号各异，MCC 低压抽屉改造为电动操作机构，安全互锁装置的替换需要满足如下几个条件：

（1）基于 IEC 61439.2—2021《低压成套开关设备以及控制设备组件》标准要求：在抽屉柜抽出前必须先分断主回路；

（2）需根据现场 MCC 抽屉原有的手动安全互锁旋钮的联锁机构机械形式，定制一款手动机械联锁机构；

（3）在定制的手动联锁机构上，需创新性地增加微型的位置开关触点，用于在带电情况下插拔抽屉断开供电回路，避免带电插拔抽屉，引起电气拉弧造成人员伤害和设备损毁；

（4）联锁机械必须满足不同厂家，不同型号的开关柜需求。

6.4.3 抽屉柜改造技术方案

由于原抽屉柜设计一般采用机械联锁装置，在抽屉柜连接位置时，断路器才具备手动操作的条件。自控系统建设中配电系统改造的主体设计功能为断路器增加电动操作机构，断路器在增加电动操作机构后，必然就没有了机械操作机构，原操作机械手杆位置被电操机构覆盖，拆除手动操作机构之后，联锁丢失，无法满足标准安全要求。

为解决此问题，改造中对各种类型抽屉柜操作机构重新进行了三维设计，增加辅助触点，将原机械联锁改为电气联锁，满足了标准要求。改造后抽屉柜操作机构的各方向视图，如图 6-7 至图 6-10 所示。

通过对机柜操作机构的重新设计，配合电气联锁线路，保障了配电柜改造的后续用电安全，如图 6-11、图 6-12 所示。

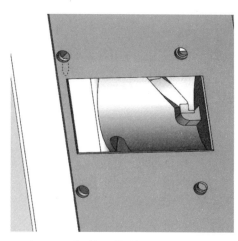

图 6-7　操作机构抽屉柜底部视图

图 6-8　操作机构抽屉柜俯视图

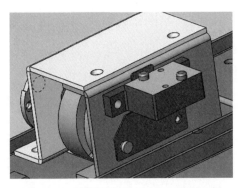

图 6-9　操作机构抽屉柜后部视图

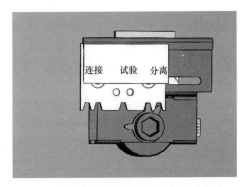

图 6-10　操作机构抽屉柜主视图

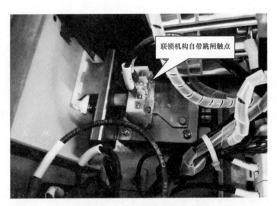

图 6-11　抽屉柜电气联锁

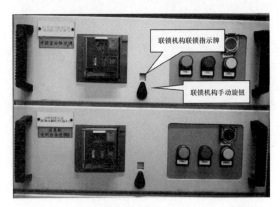

图 6-12　抽屉柜联锁设计指示和手动旋钮

6.4.4　应用效果

传统的方案，抽屉需原厂重新制作并整体更换，价格昂贵且周期较长，可能存在新抽屉与老抽屉柜上原有开关上的二次插件匹配度不好等缺点，容易引起过热、拉弧安全事故。采用创新性定制化的 MCC 低压抽屉柜复合安全联锁机构方案，抽屉柜改造周期和成本均得到较好控制，同时不改变原有的抽屉和二次插件，避免新旧搭配产生次生电气事故，更加安全可靠。

6.5　阀门的多重冗余控制技术

6.5.1　技术应用背景

为了保证在通信失联工况和一键置换时时序逻辑可以按要求进行，通过对液压和气动阀门优劣的反复比选，确定了第三种、第四种工况下隔离阀门的气动阀门和动作阀门选用液压阀门的设计，将部分关键的气动和手动阀门选型更换成控制更为稳定且动力源更为持久的液压阀门，并通过对阀门的控制回路的多重冗余容错设计，达到了单设备控制最本质安全的状态。

6.5.2　平台液压阀的动力源和控制方案

为了新增液压阀门（图 6-13）提供动力供应，每个设施上增加一套液压站（图 6-14）。

新增液压蓄能器，当主电与应急电同时失电时，即使液压泵无法启动，也可用 UPS 蓄电池供电或手动导通控制电磁阀打开阀门，双蓄能器设计能够短期内为液压阀提供动力，保证其安全关闭，如图 6-15 所示。

图 6-13　液压阀

图 6-14　液压站

　　对第三种、第四种工况下需要动作的阀门，进行了控制的冗余设计，如图 6-16 所示。如海管两端关断阀设计为双回路控制，确保了在台风模式下，海管置换的顺利进行。

图 6-15　双蓄能器设计（可开关阀门两次）

图 6-16　双电磁阀冗余控制设计

6.5.3　FPSO单点上岸关断阀的冗余容错设计

正常生产模式下，单点上岸关断阀电磁阀在发生生产关断时，需要关闭关断阀，电磁阀失电。但在台风模式下，作业人员全部撤离设施，若此时出现生产关停，单点上岸关断阀关闭，若无法远程复位，则会造成海管置换无法进行，海管原油凝固堵管，因此需要有远程打开阀门的设计。故需要将手动复位电磁阀更换为自动复位电磁阀，满足在远程操控模式下能够打开关断阀，实现扫线的功能。在此基础上，为了提高系统可靠性，创新设计了双回路四电磁阀的多重冗余容错控制回路设计，确保了在台风模式下，海管置换的顺利进行。

（1）对蓄能器和液压油缸进行扩容，如图 6-17 所示。

图 6-17　蓄能器和液压油缸扩容

（2）新增并列的两个"二位三通单电控电磁换向阀"，如图 6-18 所示，可避免原有串联结构中换向阀故障导致的上岸液压阀开关故障及滞后。

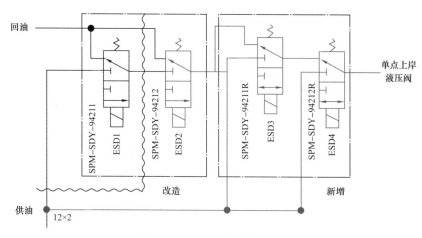

图 6-18　液压控制原理图

6.5.4　关断阀的部分行程测试及机械限位改造

PST 是 Partial Stroking Test 的缩写，即部分行程测试。当阀门关闭到预先设定的角度后，阀门又马上全部打开，以达到让阀门定期活动的目的。PST 阀门关闭的角度可以根据现场生产工艺来定，一般关闭 10%～20% 后阀门恢复全开。

为保证油田正常生产安全运行，在平台上均设有安全保护系统。如火气监控系统、紧急关断系统、消防救生逃生系统及通信系统等。紧急关断系统的目的是保护平台人员和设备的安全，防止环境污染，将事故损失限制到最小。关断阀是紧急关断系统的主要控制手段，安装在各工艺流程关键重点节点。根据不同的设计要求，当检测到参数异常时能够立即启动逻辑关断，切断对应级别的流程，关停设备，从而保障现场安全。关断阀电磁阀是常带电设计，一直处于待命状态，有效避免了常不带电设计中线路故障时未能发现，而需要触发关断时不能动作的危险。

关断阀在正常生产时一直处于打开状态，也存在长期不动作阀芯有杂质卡住、介质腐蚀或者控制气路故障的情况，有可能在触发关断时关断阀不能关闭从而导致流程控制失效。关键节点的流程控制失效可能会造成原油泄漏入海，火灾爆炸等严重后果，台风模式建设项目在台风无人模式下对于关断阀的可靠性要求更高。所以关断阀需要定期清洁、加油和开关活动，及时发现和处理可能存在的问题，以使其在关键时候灵活有效。

关断阀设计上没有旁通流程，在正常生产中，如果进行关断阀的操作，会造成生产流程的短暂切断，参数剧烈波动，引起生产关停。为了避免该故障的出现，可通过增加 PST 功能来实现关断阀部分行程测试，从而保证关断阀的正常开关运行。

（1）气动关断阀凸轮式 PST。

为了确保在台风季来临之前能够对所有气动关断阀进行活动测试，对没有 PST 功能的气动关断阀进行改造。PST 设计原理如图 6-19 所示。

在不更换控制面板的前提下，在电磁阀或三通球阀后增加一个 PST 手动阀。从过滤器后的安全阀处接气源到凸轮阀处。在限位指示开关与执行机构之间增加一个凸轮阀。双向气控阀、反馈凸轮、测试阀配合相互作用，用测试钥匙扭动，随即松开。双向气控阀动作泄放控制气，此时关断阀开始关闭。当关闭到开度 85% 位置时，反馈凸轮动作，双向气控阀下部有控制器，双向气控阀动作，关断阀打开。整个过程简述为：扭动测试钥匙并松开，关断阀关闭 15% 然后打开。测试阀也可以称为 15% 部分行程测试开关。

在这个测试过程中，关断阀会关闭 15% 行程，理论上对流程不会造成大的波动。但是如果关断阀的相关部件在测试过程中发生故障，

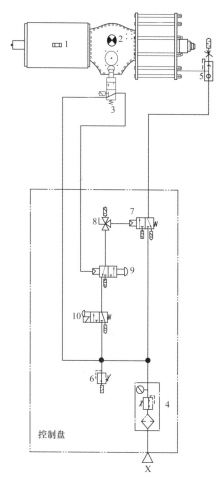

图 6-19　气动关断阀 PST 设计原理

1—气动执行器（单作用缸）；2—四点电磁限位开关；3—两位三通凸轮阀；4—过滤调节器；
5—快速排气阀；6—安全阀；7—先导阀；8—三通阀；9—两位三通阀（手动操作和先导回流）；
10—两位三通电磁阀（手动复位）；X—气源进口

就会造成流程切断的后果。测试行程只有 15%，不能检测阀体和活塞全程的情况。

（2）液压关断阀机械限位。

台风模式建设项目考虑仪表气失效的情况下还能实现远程置换流

程，需将实现流程切换的关断阀的部分气动执行机构改造为液动执行机构，并建立集中的液压站以保证液压阀门的液压补充和供应。

液压控制阀使用凸轮式 PST 功能时，由于液压油黏滞特性，阀关到预定 15% 凸轮位置时，控制管路液压油的控制压力无法迅速改变让液压阀重新打开，往往导致阀门关闭过小甚至全关，流程被全部切断，无法起到部分行程测试的功能。考虑使用机械限位装置进行强制锁定，机械限位装置如图 6-20 所示。

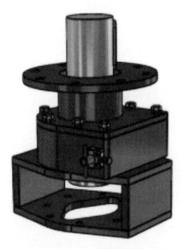

图 6-20 液压关断阀机械限位装置

在液压阀杆上安装机械限位，当机械限位的开关打到强制锁定位置时，触发关闭液压阀的电磁阀，机械限位机构只允许阀门关闭 15%，然后再打开液压阀的电磁阀，阀门就逐步全开。

通过气动关断阀凸轮 PST 功能和液压阀机械限位改造，在正常生产台风期来临之前，可以对所有气动和液压关断阀进行活动和测试，保证在台风无人模式下的各阀控制可靠。

6.5.5 应用效果

引入液压阀门，创新液压阀门控制逻辑，在改造后，囊式蓄能器能够缓冲开关过程中的液压冲击对阀门的损坏，实现缓开缓关，阀门控制回路的多重冗余容错设计，保障了在一定时间内阀门可多次开闭和测试，确保了在台风模式下阀门的安全可靠。

6.6 OIW 在线分析仪的适应性改造

6.6.1 技术应用背景

外排水 OIW（Oil in Water）在线分析仪是海洋石油设施生产水处理系统的关键设备，用于实时监测外排水含油浓度，避免外排水不达标排放。尤其是在台风模式下，海上设施无人值守，如不能远程在线监测外排水水质，油田台风模式生产将会面临极大的环保风险。因此，确保外排水 OIW 在线分析仪稳定运行成为各油田台风模式生产的关键"卡脖子"技术。然而，目前在长时间无人维护下 OIW 分析仪的运行稳定性、数据准确性问题始终没有解决，尚没有成熟的技术、设备可以直接应用，对此，联合设备厂家技术人员开展了台风模式下 OIW 分析仪在线稳定运行专项研究改造工作。

水中油 OIW 荧光法在线分析仪采用紫外荧光分析法，可以测定水中多环芳香烃的浓度，与水中油的含量有非常强的相关性，适合于应用在工业领域中的芳香族碳氢化合物监测以及所有的水质监测和废水监测领域中。但在日常生产作业过程中发现 OIW 在线分析仪监测结果始终不够精确，主要出现以下问题：

（1）用户取样点问题。

用户反馈采出的水样时而是水时而是气，不是流通的全部水样，有的现场取样点已经无法取出水样。

（2）预处理系统问题。

由于用户水样比较污浊，进样一段时间探头上可以明显看见油污在上面附着，而且原预处理系统中的流量计无法使用，探头测量池里面有大量的锈迹。

（3）仪表问题。

仪表光纤探头，发射光路与接收光路都完好，光源及变送器如图 6-21 所示，经过检查，仪表光源灯发出的光强度已经衰减很严重，发出的光已经发暗，光源灯已经无法使用；通过配标准液检测，现场配了 50mg/L、25mg/L、12.5mg/L、0 四种标准液，通入标准液进行标定，来回波动，波动很大，无法稳定，经过多次通入标准液和用户水样查看，确定系统内线性关系已经混乱或者线性数据丢失，无法找回线性关系。

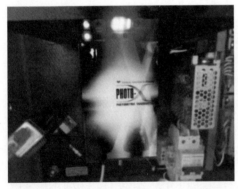

图 6-21　OIW 在线分析仪光源及变送器

6.6.2　OIW 在线分析仪改造方案

（1）取样点问题分析及整改。

取样点应是具有代表性的水样，然而现场的情况却是时而为水时而为气，这样的样品是不具备代表性的，取样点参照以下方案整改。

①措施一：取样探针加长。

探针一般插入取样管路长度为管道内径的 1/2～1/3，管道上方插入，若取样管太粗，样液仅在管线底层流动，未到达管道的 1/2 高度，甚至未到 1/3 高度，那么取样探针实际并未取到样品。若是此情况，可适当加长取样探针插入的深度，但不可以使取样探针接触管道的底层。

②措施二：变更取样、排样口，提高循环水样压差。

若探针插入深度合理，取样点取出来的样液依然为气液混合物，并且掺杂很多油污等脏污，可考虑重新选择合理的取样点，取样点以样品具有代表性为原则，即液态、无气泡、无铁屑、无固体油脂等，一般选择水平管道的中下游。

（2）预处理系统问题分析及整改。

在现场原有设备基础上，创新设计淡水正、反冲洗管路流程，解决探头由于腐蚀、结垢，导致检测元器件失效，示数失真问题。该系统原始设计上的清洗方式为浸泡式，即利用重油污清洗液浸泡探头来保证探头清洁。然而实际应用中发现，由于外排生产水矿化度高，检测探头表面极易结垢，重油污清洗液仅通过浸泡方式无法清洁探头表面结垢，长期运行轻则导致在线 OIW 分析仪检测结果失真，重则导致分析仪出现光源故障，检测系统失效。现场增加了淡水正反冲洗流程，将探头清洗方式由浸泡式优化为冲刷式，即分别在取样口和排液口接入 400kPa 淡水管线，系统停用期间利用高压淡水对探头进行持续冲刷，淡水冲刷后，探头结垢现象明显得到抑制，示数失真、光源故障现象彻底消除。改造后系统正冲洗流程示意图如图 6-22 所示，系统反冲洗流程示意图如图 6-23 所示。

改造淡水正反冲洗流程的前后效果，如图 6-24、图 6-25 所示。

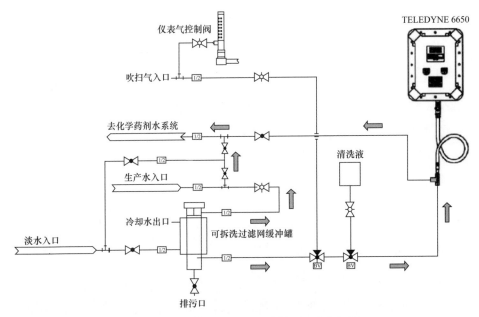

图 6-22　改造后系统正冲洗流程示意图

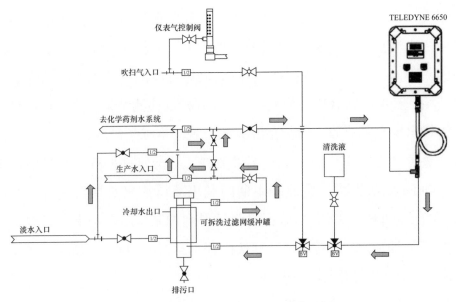

图 6-23　改造后系统反冲洗流程示意图

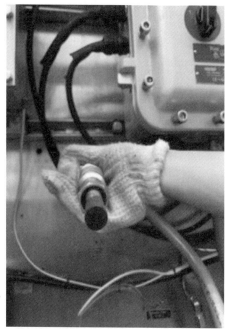

图 6-24　正反冲洗前系统运行探头情况

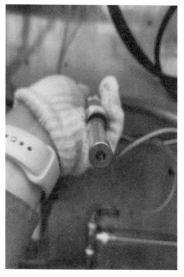

图 6-25　正反冲洗后系统运行探头情况

（3）仪表问题分析及整改。

由于取样的时候时而有水时而有气，当有气出来没有水样的情况下，由于在有水经过探头后，探头表面有油污附着，没有及时清理，返回给内部检测的信号很大或信号饱和，长时间这样造成变送器里面的元器件损耗过大，检测灵敏度下降，线性关系混乱，与此同时对光源也造成损坏，光源灯现在发射出来的光衰减很大，无法正常使用。

因此，将旧版仪表变送器升级为新版的光源组件与变送器一体机，如图 6-26 所示，采用五点标定，以使仪表显示更加优越的标准曲线。

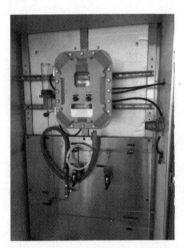

图 6-26　OIW 在线分析仪系统升级

6.6.3　应用效果

在油田第一次自控模式生产中投入应用，系统在线检测数值如图 6-27 所示。

从曲线可以看出，在自控模式下（设施无人值守）系统运行稳定（曲线毛刺为系统自动清洗导致示数变动，为正常现象），示数也与日常化验数据十分相符。实践验证了本次针对 OIW 在线分析仪的技术改

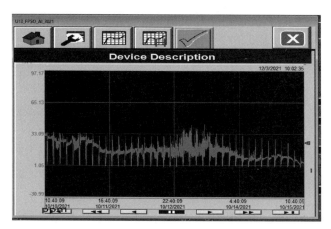

图 6-27　OIW 在线分析仪检测数据曲线

造效果显著。同时，通过 OIW 在线分析仪进行系统升级，增加淡水正、反冲洗流程，将探头维护周期由 3 天延长至 20 天，管路定时冲洗也缓解结盐结垢问题。后续，将结合 OIW 国产化的开展实践与应用。

6.7　消防系统的新技术应用

6.7.1　技术应用背景

有人模式海上设施电气房间保护，按照固定平台安全规则，原海上设施变压器间、主配电间、应急配电间、应急机房、变频器间等都采用 FM200 或 CO_2 灭火系统进行保护。此类重要电气房间内设置烟雾探头、感温探头、火焰探头等火灾探测设备，并接入平台中控火气系统进行实时监控，在发现火灾时，能够自动触发全船警报、开关断电、关闭防火风闸、释放 FM200 或 CO_2 灭火剂，完全满足在有人情况下的电气房间保护需要。

在传统避台模式下，平台关停生产，海管扫线后，所有设备按程序断电隔离，电气房间开关全部断开，FM200 和 CO_2 系统也全部停用，门窗封闭做好防风防潮，人员全部撤离海上设施。等待台风过后，工作人员复台，重新开启平台各种设备，送电投入消防保护设备，逐步启动生产。

而在台风自控无人模式下，设备维持正常生产时运行状态，就电气间而言，除了FM200和CO_2保护的房间外，其他房间也有电气设备在运行。如工控网络的卫星通信链路和视频监控的办公网络均接入到UPS电源系统继续使用，新增的专用控制系统房间、新增UPS电池间、通信设备间等。这些房间均设置有烟雾探头、感温探头、视频摄像头、温湿度传感器进行远程监控。这些房间具有数量多，布置分散，功率小，发生火灾概率低的特点，不便于设置专用保护系统。在进行台风模式建设中，创新性采用超细干粉灭火系统对此类电气房间进行保护。

另外，对于室外场所，考虑海上设施在无人状态时进行火灾处置，经咨询安全管理部门，并借鉴和考察消防设备厂家，尝试将自动精准灭火装置应用到海上设施。

6.7.2　悬挂式超细干粉灭火装置的应用

超细干粉灭火剂是近年来科学家研发的用于灭火且可以任意流动的微细粉末，由具有超强灭火的无机盐类和少许的添加剂经粉碎、干燥、混合处理而成的极其微细的固体粉末组成，其平均粒径10μm，粒径小，流动性好，具有良好抗复燃性、弥散性和电绝缘性。

（1）悬挂式超细干粉灭火装置原理。

悬挂式超细干粉灭火装置能迅速扑灭A、B、C类火灾和带电电气火灾。主要应用于工业、能源、交通、电信、化工等领域，如电缆隧道、夹层、竖井、变压器、配电柜（室）、发电机房、通信机站、仓库、空调机房等。具有"快速响应、早期报警、高效灭火、生态环保"的特点。

灭火装置是储压式，即内充低压氮气，并由 ABC 超细干粉灭火剂、感温元件、耐压钢制灭火剂储罐、压力指示器和安装吊环等组成，如图 6-28 所示。

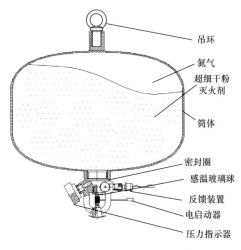

吊环

氮气
超细干粉
灭火剂
筒体

密封圈
感温玻璃球
反馈装置
电启动器
压力指示器

图 6-28　超细干粉灭火装置

当火灾发生时，环境温度超过喷头感温元件公称动作温度，灭火装置上的感温玻璃受热膨胀破裂，压板受容器内压力推动脱落，喷嘴打开，ABC 超细干粉灭火剂在驱动氮气的作用下，向保护区域喷射并迅速向四周弥漫，火焰在 ABC 超细干粉灭火剂连续的物理、化学作用下瞬间被扑灭。悬挂式超细干粉灭火装置的主要性能技术参数见表 6-6。

（2）灭火装置的安装方式。

灭火装置从包装中取出，壳体和感温元器喷头应完整无破损，装置安装架固定保护区顶上，装置和安装架用螺母将其连接固定。安装灭火装置时，应尽量避免安装在经常需维护保养等容易碰撞处。

表 6-6　悬挂式超细干粉灭火装置的主要性能技术参数

序号	规　格	3kg	4kg	5kg	6kg	7kg	8kg	10kg
1	保护容积 /m³	21	28	35	42	50	58	71
2	喷射时间 /s	≤5			≤10			
3	灭火时间 /s	≤1						
4	灭火剂设计浓度 / (g/m³)	140						
5	装置启动方式	玻璃球感温：68℃启动；电热启动器：≤24V DC、启动电流≤1A 启动；带信号反馈						
6	储存压力（20℃）/MPa	1.2						
7	水压试验压力 /MPa	2.1						
8	工作环境温度 /℃	−10～50						
9	灭火剂有效期 / 年	5						
10	装置使用寿命 / 年	10						

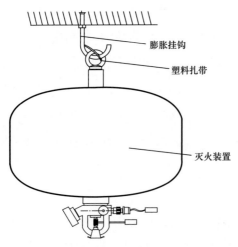

膨胀挂钩

塑料扎带

灭火装置

图 6-29　超细干粉灭火装置安装示意图

将膨胀挂钩通过螺母固定在保护区上方的钢梁上，再将灭火装置上部的吊环钩在螺杆弯钩处，如图 6-29 所示。

为保证同个房间内安装的多个装置同步触发，达到覆盖灭火效果，将装置固定好后，用热敏线缠绕感温玻璃球 3～4 圈，固定好后将同一房间内的所有灭火装置串接在一起，如图 6-30 所示。

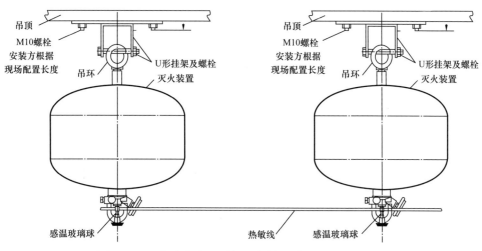

图 6-30 多个超细干粉灭火装置串联安装示意图

当采用全淹没灭火方式时，干粉灭火装置的布置应根据干粉灭火装置的设计配置数量，结合保护对象的几何特征等因素合理布置，并应能使灭火剂在防护区内均匀分布。

储压式灭火装置的最大保护高度不宜大于 6m，非储压式灭火装置的最大保护高度不宜大于 8m。当保护高度超过灭火装置的最大保护高度时，应分层设置，其安装高度应按照经权威机构认证合格的安装高度的最小值进行核算。

（3）油轮使用的灭火装置。

油轮使用的超细干粉需要进行船级社型式认证，还必须考虑船舶摇摆，进行特殊固定安装。船用防摇超细干粉灭火装置的安装如图 6-31 所示。

（4）超细灭火系统在海上设施的应用。

在平台和 FPSO 上新增的专用控制间和电池间等使用超细干粉等进行覆盖，FPSO 中控室等原来没有自动灭火装置保护的房间也采用超细干粉进行自动灭火保护，如图 6-32 所示。

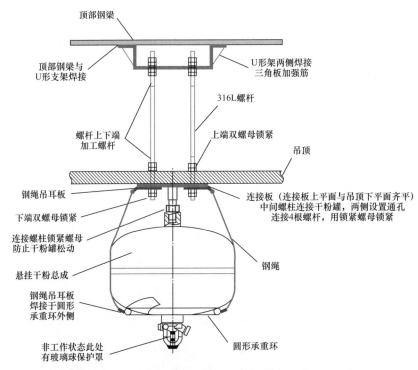

顶部钢梁

顶部钢梁与
U形支架焊接

U形架两侧焊接
三角板加强筋

316L螺杆

螺杆上下端
加工螺杆

上端双螺母锁紧

吊顶

钢绳吊耳板

下端双螺母锁紧

连接螺柱锁紧螺母
防止干粉罐松动

悬挂干粉总成

钢绳吊耳板
焊接于圆形
承重环外侧

非工作状态此处
有玻璃球保护罩

连接板（连接板上平面与吊顶下平面齐平）
中间螺柱连接干粉罐，两侧设置通孔
连接4根螺杆，用锁紧螺母锁紧

钢绳

圆形承重环

图 6-31　船用防摇超细干粉灭火装置安装示意图

超细干粉
灭火剂

图 6-32　超细干粉安装实图

6.7.3　自动精准灭火消防炮的应用

自动精准灭火消防炮应用于大空间自动灭火，电气控制喷射灭火设备，可以进行水平、竖直方向转动，通过红外定位器和图像定位器自动定位火源点，快速准确灭火。当前端探测设备报警后，主机向自动消防炮发出灭火指令。自动消防炮首先通过消防炮定位器自动进行扫描直至搜索到着火点并锁定着火点，然后自动打开电磁阀和消防泵进行喷水灭火。可选现场控制盘遥控控制自动消防炮灭火，也可选各种报警、排烟等联动设备。图 6-33 为常见的几种类型的精准灭火系统。

　（a）精准射流灭火系统　　　（b）自动跟踪定位射流灭火系统　　（c）智能型图像火灾探测灭火系统

图 6-33　多类精准灭火系统

自动精准灭火系统应用于海上设施性，存在适应性问题。目前市场自动精准灭火系统尚需优化，能适应于海上环境甚少，采取边研究，边尝试，边使用方式。

目前，海上设施的消防系统远程操控能力经过自控系统建设项目得到一定的提升，增强了自控生产模式期间的消防能力。但为了强化一些重点区域的消防能力，同时也为了进一步预防和减缓火灾事故，需要对旋转设备类重点区域的消防系统进行适应性升级改造，增加具有定位精确、误报率低、灭火效率高、保护面积大、响应速度快的自动消防装置。该装置应能全天候自动监测火气状况，一旦发现火灾，该装置能够就地或远程控制及时启动，在短时间内完成火点定位，启动消防设备对着火点进行灭火，消除火灾风险。

因此，在每个平台的原油外输泵区域，区域四周安装两个图像型火灾探测器，并在对侧安装一套具备远程控制功能的自动灭火系统，进行适应性升级改造和试验工作。

（1）压力式泡沫比例混合装置的选用及安装。

自动灭火系统的泡沫罐选用压力式泡沫比例混合装置，属于立式罐体形状，泡沫罐容积一般为1m³，泡沫罐内泡沫液混合比一般为3%，故需配置1t 3%的水成膜泡沫液。罐体本体长宽高尺寸约为1500mm×15000mm×2000mm，泡沫罐未装泡沫液本体重量为1.5t，全部装满后为3t重，在离自动灭火系统相对较近的合适位置进行安装。

（2）新增消防系统管线接入口。

泡沫罐从平台的消防泵主管网处取海水，接口安装自带蓄能器的气动控制阀，阀门本体材质采用铜镍材质；控制阀上游湿式管线使用玻璃钢，阀门采用碳钢外壳、铜镍阀芯；控制阀下游干式管线及阀门采用碳钢材料，预留淡水冲洗口和排泄口，每次使用完毕都要全部冲洗干净。

（3）电气专业改造工作。

消防系统接入电源选择从应急开关间备用开关处获取。消防系统用一路电源敷设至控制柜主机，之后现场的所有设备电源都是从该控制柜主机处往现场敷设电源电缆。

（4）仪表专业改造工作。

灭火系统配备一套集中控制主机，消防控制室主机需要安装在人员值守的地方，经过现场调研，将集中控制主机安装在中控室控制柜房间内。

（5）消防主机报警信号触发模式。

消防系统不接入平台火气系统，在中控室内新增安装一个蜂鸣报警器，当消防系统监测到火情时，将会触发一个信号到蜂鸣报警器，蜂鸣报警器进行声音报警提示平台值班人员。

（6）消防主机的控制信号接入平台 PCS 系统。

消防主机的控制信号接入平台的 PCS 柜，PCS 系统 I/O 柜安装在中控室内控制柜房间，有备用的 RS485 通信端口号，使用中控系统的 modbus 协议，实现消防系统信号进中控并实现陆地远程控制功能，消防系统进入中控系统后能提供手动和自动的两种模式。

6.7.4　雨淋阀远程复位功能开发

（1）雨淋阀控制原理。

雨淋阀橇是海上石油平台的专用消防设备，该设备整体成橇，主要组成部分为橇座、ZSFM 型雨淋阀、蝶阀、主管线及旁通管线、压力表等，通过螺栓和螺母连接成整体。雨淋阀安装在灭火喷头的上游侧，正常时阀门处于关闭状态，将消防用水阻挡在阀门的前端，当接到消防系统开启命令或手动开启命令后，向下游喷头供水灭火。

ZSFM 系列雨淋阀采用球形结构的水力控制阀门，可以远程及现场手动启动，控制原理如图 6-34 所示。

按照初始设计，当雨淋阀处于待命状态时，阀门的工作原理如图 6-34（a）所示，此时，电磁阀 c 处于得电状态，控制气路导通，气控先导阀 a 处于正常工作状态，使阀前消防水与雨淋阀上膜片腔室连通，上游消防水压力使雨淋阀关闭处于待命状态。

当需要手动开启雨淋阀时，阀门工作原理如图6-34（b）所示，手动阀i打开，此时雨淋阀上膜片腔室水从手动阀i的泄放口排出，导致雨淋阀上游消防水压力大于膜片腔室内水压与弹簧压力，导致雨淋阀全开，下游喷头开始喷淋。

当逻辑自动触发开启雨淋阀时，阀门工作原理如图6-34（c）所示，自动逻辑开启喷淋时，电磁阀c失电，控制气路不通，导致气控先导阀a开启，雨淋阀膜片腔室内的控制水通过减压导阀b泄放到阀门下游，雨淋阀开启。

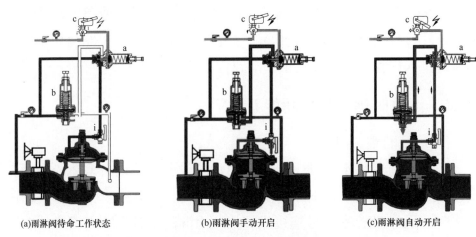

(a)雨淋阀待命工作状态　　　　(b)雨淋阀手动开启　　　　(c)雨淋阀自动开启

图6-34　雨淋阀控制原理
a—气控先导阀；b—减压导阀；c—电磁阀；i—手动阀

（2）雨淋阀远程复位方案。

由于在自控模式投运时，可能会由于探头误报警或空压机停机等情况导致雨淋阀开启，而使消防管网泄压，消防泵启动。为了使消防水能在真正的应急情况下可以正常使用，充分保障避台期间设施惯性生产过程的安全、平稳运行，经过与雨淋阀厂家、中国船级社及挪威船级社等第三方认证机构的沟通探讨，决定对雨淋系统进行升级改造。

主要是在雨淋阀的上膜片腔室的进排水管路上增加一个两位三通电磁阀，将阀前的消防水引到此三通电磁阀一路；然后修改中控程序及画面，增加三通电磁阀的控制逻辑，在需要雨淋阀远程复位时，通过三通电磁阀导通阀前水与腔室，将雨淋阀关闭复位，工作原理如图 6-35所示。

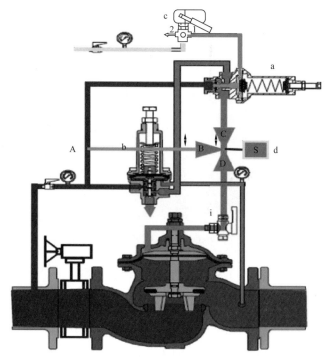

图 6-35　雨淋阀改造升级原理图

a—气控先导阀；b—减压导阀；c—电磁阀；d—新增三通电磁阀；i—手动阀；
A—引压管路；B，C，D—三通电磁阀的通路

在雨淋阀上膜片腔室进排水口管线上增加两位三通电磁阀 d，并从雨淋阀前引压管 A 处接入管路，具体控制流程如下：

① 正常生产模式下，新增三通电磁阀 d 不得电，其 C 到 D 通路，当发生火灾或其他需要喷淋情况时，雨淋阀完全按照原雨淋阀释放逻

辑来控制，新增三通电磁阀 d 不影响原逻辑。

② 当需要远程复位时，控制新增两位三通电磁阀 d 得电，C 到 D 断路，B 到 D 通路，阀门上游的水经 A→B→D→i 反向最终回到膜片上腔室，达到关阀的目的，保障了消防水压力稳定。

6.7.5 应用效果

消防系统改造完成后，在第三方船级社的见证下，对超细干粉灭火装置及自动消防炮的效果进行了现场模拟测试，如图 6-36 所示。

图 6-36 超细干粉现场实测

超细干粉灭火装置能快速有效释放，覆盖范围达到要求。自动消防炮系统传感器在检测到火灾信号后能够准确定位火灾位置，对所保护范围内的火情进行监测并采取联动控制。控制器一旦探测到火灾，立即输出控制信号进行报警、启动水泵、打开阀门，喷头便会在水力的直接驱动下进行 360° 全方位旋转射水灭火。火灾扑灭后，装置会自动停止射水。若有新的火源，灭火装置将重复上述过程，待全部火源被扑灭后重新回到监控状态。

上述新的消防技术的引入和应用，有效地保障了设施在台风模式下的安全运行。

作，实现切换紧急排海和冷却水供应功能；

（2）在泵的紧急排海流程通海阀的前端设计气动遥控阀门，实现功能流程的切换，并设计气动阀门进入专用控制程序，在生产整体关停的情况下，气动阀门执行关阀动作，保证在无人值守工况下的船舶安全性。

6.8.3　液压站设计

一般地，FPSO 储油轮的单点液压站与船舱液压站均属于电驱液压站，每台各配两个液压泵，由平台主电源和应急电源分别供电。

以恩平 FPSO 储油轮为例，船舱液压站为阀门控制中心的一部分，工作压力 12.5MPa，自带四根 52L 蓄能器，蓄能压力至 12.5MPa。此蓄能器大部分时间工作正常，由于船体液压阀门大约 100 多台，所以电机大约每隔 20min 启动 1min，据现场反映由于启动频繁，之前经常出现电机超温自动跳机的情况，当跳机后必须经过人工复位才能恢复正常运行状态。

船体阀门全部是液压双作用执行器，所以当船体液压站跳机，或者失效后所有阀门可实现保位，无故障位。

恩平 FPSO 储油轮有三个船舱海水吸入口（海底门），每个海底门有三道阀来实现海水吸入口与船舱的隔离。从吸入口往内侧顺序为：液压缸执行器蝶阀（图 6-37）→液压电动机执行器闸板阀（图 6-38）→手动闸板阀。

前两道阀门在台风模式下的失主电、应急电，无人情况下的液压站故障、通信失联等工况下均需要关闭。当这种工况下就需要液压站自带的四根蓄能器来提供唯一的动力源。考虑到正常情况下液压站电机每隔 20min 转一次的情况，如果不在液压站出现故障时立刻关闭阀

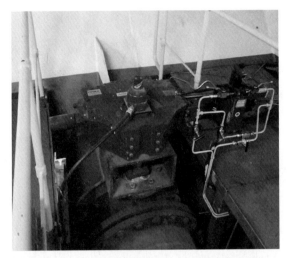

图 6-37　海底门第一道：液压蝶阀

图 6-38　海底门第二道：液压闸阀

门，随着时间的增加，液压站失效的概率将呈几何数量级地增加，海底阀将极难关闭。同时，第二道阀为液压电动机执行机构的闸板阀，液压电动机对于液压系统的要求非常高，不仅要求流量的稳定输出，更要压力满足其最小驱动压力。

经过现场试验（由于所有阀门均是故障保位型，所以可以停掉液压站来测试蓄能器的能力），第一道液压缸控制器蝶阀，在蓄能器的驱动下可完全关闭，系统前后压降约 0.2MPa；第二道液压电动机执行器的闸板阀只能在蓄能器的推动下关闭 1/6 左右，然后蓄能器压力下降至 5MPa，从 5MPa 开始液压电动机已经处于不转动状态，而蓄能器压力在很短时间内下降为零，即系统压力为零。由实际试验可知，蓄能器可在液压站失效后的短时间内关闭第一道蝶阀，但是即使在液压站失效后立即关闭闸板阀也只能关闭最多 1/6。所以需要增加一套完备的液压蓄能系统来对现有的液压系统进行扩容和补充，如图 6-39 所示。

图 6-39　新增船舱液压站

6.8.4　大舱微正压保护控制实现

FPSO 大舱保压系统包括：调压阀、透气阀及压力 / 真空断开装置（PV breaker）；通过这些装置对货油舱舱压进行调节并保持大舱始终处于正压状态；

公用总管透气就是从每个货油舱的顶部引出一路透气支管，汇集到主甲板上的一根总管上，透气总管一般与油船的惰气系统合用，最后经透气桅排出。透气桅高度至少需 6m，以保证油气放出之后能在距离甲板比较高的安全位置被自然风充分稀释吹散；

（1）大舱调压阀。

FPSO 透气桅调压阀（图 6-40）是由液压为动力的调节阀，通过设定目标压力范围来保持大舱压力。

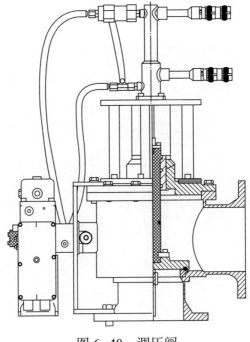

图 6-40　调压阀

（2）透气阀。

通常在透气桅前设置一只呼吸阀，用以调节温度引起的舱内压力变化。在装有惰气系统的油船上，空气是不允许进入货油舱的，以避免破坏其惰性；当舱内的真空度达到一定数值时，通过补充惰气来增大气压。

（3）压力/真空断开装置。

压力/真空断开装置是为控制舱室和系统的压力波动在合适的范围内的装置，如图6-41所示。

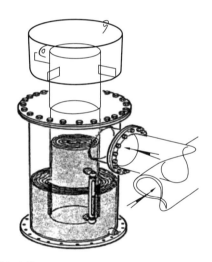

图6-41　压力/真空断开装置

自控模式下保压设计：考虑到FPSO储油轮主要为双底双舷设计，油轮保持温度的能力较强。台风模式设计上确定了撤台前停用锅炉系统，同时加强大舱惰气置换和确认压力/真空系统，保证油轮温度和舱压在合理参数范围内。

在第一、第二种工况下，正常大舱压力调节和大舱保压只需要大舱压力调节阀来进行实时调节，如果出现调压阀门故障，可以使用阀门复位功能远程进行调压阀门复位。

在第三、第四种工况下，为了确保透气桅排气阀门关闭，在调压阀门不能正常关闭的情况下，设计在大舱惰气发生器总管和生产水舱惰气发生器支管去透气桅调压阀门前的管线上，各自增加自带蓄能器（蓄能器压力能确保可以正常开关 2 次）的液压阀门并纳入专用控制系统，确保可以进行阀门关闭以实现舱压稳定。

6.8.5　船体姿态监测系统

为科学评估 FPSO 储油轮在台风等极端环境下的运行状态，研制开发一套船体运动状态监测系统。该项目系统分为三部分，分别为硬件部分、软件部分和孪生系统。硬件部分主要包含位移姿态监测节点装置、网络交换机、船载服务器和船载显控终端，软件部分包含数据采集、数据展示、台风模式和船岸同步等内容，孪生系统包含数字孪生和物理孪生，如图 6-42 所示。

图 6-42　船体运动状态监测系统主要组成

（1）硬件系统拓扑结构。

船载硬件系统拓扑结构如图 6-43 所示。高性能位移姿态监测节点装置作为"基地站"角色，其他节点装置作为"移动站"角色，各个装置通过网络交换机进行通信，同时获取供电支持。网络交换机最终将数据传输给船用加固计算机，融合解算后再将数据传输到服务器进

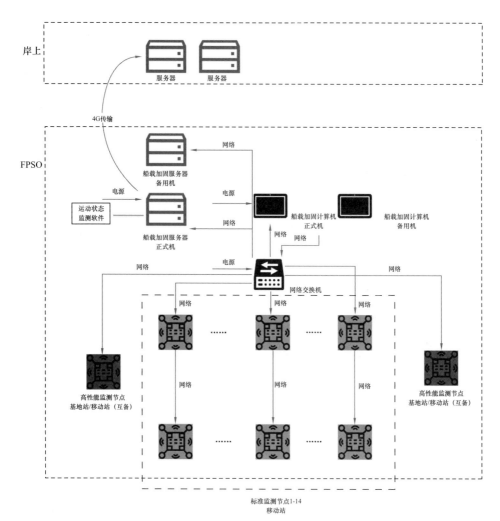

图 6-43　船载硬件系统拓扑图

行存储，最后通过 4G 网络将数据传回岸上服务器。

（2）软件数据功能描述。

数字孪生模型：真实复现船体运动姿态，可选择船上任意位置，显示该点位移参量和角位移参量数据和变化曲线。在模型上展示测点位置，也可关闭展示。

数据展示：如图 6-44 所示，展示船体位姿数据，各个位移姿态监测节点装置的测点数据和变化曲线。对异常数据进行报警。兼顾总纵变形、数据记录及系统管理等功能。

图 6-44　数据一览页面

（3）孪生系统。

数字孪生：在长期动态监测软件数据一览页面展示，可复现真实复现船体运动姿态，可选择船上任意位置，显示该点位移参量和角位移参量数据和变化曲线。

物理孪生：由主平台系统和局部平台系统组成，共计两台，主平台系统实现全船运动状态情况孪生，包括航向角、纵摇、艏摇、横摇、纵荡、横荡、垂荡，单点位置保持不动，承载面尺寸大于 $100\text{cm} \times 50\text{cm}$；局部平台系统用于展示操作界面选择的指定位置复现六自由度运动，包括纵摇、艏摇、横摇、纵荡、横荡及垂荡，承载面面积大于 0.25m^2。

物理孪生系统支持与数字孪生系统双向交互，其横摇、纵摇角度

大于 ±20°，航向角支持 360°回转，小幅运动响应频率不低于 10Hz。

物理孪生系统具备两种功能模式，分别为孪生模式和平台演示模式。物理孪生系统模拟页面如图 6-45 所示。孪生模式，按照缩尺比，真实展现 FPSO 的运动状态情况。其主要原理为利用六自由度运动模拟平台将采集到的船舶数据进行运动模拟，通过观察六自由度运动模拟平台上的物理孪生运动模型来评估船体运动情况。

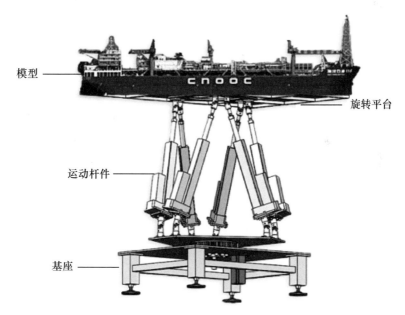

图 6-45　物理孪生系统模拟

6.8.6　应用效果

通过船体设计的创新性技术应用，为海上设施网络化、数字化及智能化发展提供了基础数据参考。机舱应急排海管线阀门的设计有效避免了因渗漏浸水导致的设备损坏和船舶沉没事故，在船舶机舱底层设计的应急排海流程，用于排空机舱积水，保障了船舶安全；单点液压站与船舱液压站对蓄能器的扩容，能够保证在失去主电与应急电的情况下能够驱动执行器实现阀门的开关；大舱微正压保护控制保证了舱压维持在微正压状态；船体姿态监测系统的应用可以记录FPSO长期运动数据，尤其关注台风天气下的运动数据，可通过数字孪生的方式，直观展现给现场人员和远程操控中心；基于监测数据，系统可给出船体运动短期预报，为FPSO安全运维提供辅助决策支撑。

参 考 文 献

［1］徐红梅.海上油田群典型关停原因分析及改进措施探讨［J］.科技创新导报,2019,16（2）:
　　42-43.

［2］王守磊,安桂荣,耿站立,等,考虑工程设施约束的海上油田群产液结构优化模型及其应
　　用［J］.中国海上油气,2018,30（5）:96-102.

［3］覃柳莎,李艳华,吴磊,等.海上生产设施危险区划分探讨［J］.化工管理,2021（12）:
　　176-177.

［4］冯俊淇.海上生产设施远程监控和管理系统的建设探讨［J］.石化技术,2018,25（11）:
　　268.

［5］崔伟珍.量化风险评估（QRA）在海上生产设施风险管理中的应用［J］.安全、健康和环
　　境,2003（5）:28-30.

［6］何耀国,尤英苹,柯兰茜,等.浮式生产储油装置台风模式建设工艺系统改造研究［J］.
　　装备制造技术,2023（1）:107-109,137.

［7］张琳,苏瑞华.台风模式中控系统实现EMS功能优化［J］.科技资讯,2022,20（12）:
　　122-125.

［8］郭永新.提高台风模式下DCS数据传输的稳定性［J］.石油化工自动化,2021,57（5）:
　　55-57.

［9］胡冬,张明,黄喆,等.南海某油田群台风模式生产工艺方案研究［J］.石油和化工设备,
　　2021,24（7）:38-40.

［10］徐道生,陈子通,张艳霞,等.南海台风模式TRAMS 3.0的技术更新和评估结果［J］.
　　气象,2020,46（11）:1474-1484.

［11］马俊丽,高建梅.减少台风影响下海上天然气生产关停的新思路［J］.石化技术,2017,
　　24（11）:187-188.

［12］周晓红,李达,易丛,等.中国海域浮式天然气生产液化储卸装置（FLNG）台风模式研
　　究［J］.天然气工业,2017,37（1）:131-136.

［13］张宝,马杰,林飞,等.Y13-1平台远程连锁启动柴油泵的设计改造［J］.油气田地面
　　工程,2016,35（8）:89-91.

［14］李强.海洋平台风险评估技术及应用［D］.青岛:中国海洋大学,2006.

［15］郭永新,胡剑华,梁天.海上平台油远程遥控生产操控方案研究［J］.石油和化工设
　　备,2022,25（12）:78-80,91.

［16］李学.基于卫星链路的海上石油平台工控系统远程监控问题的研究［J］.中国石油和化
　　工标准与质量,2021,41（21）:88-89.

［17］张伟.海上平台油井远程监测和分析系统应用研究［J］.无线互联科技,2013（7）:137.

［18］王晶.海上平台远程无线监控系统浅析［J］.长江大学学报（自科版）,2013,10（13）:

63-65.

[19] 王爱军，王爱民．海上生产设施远程监控和管理系统的建设探讨［J］．中国安全生产科学技术，2012，8（9）：81-84.

[20] 张鹤．基于卫星通信的海上石油平台远程监控系统的研究与设计［D］．杭州：浙江工业大学，2009.

[21] 康玉光．首个海上远程视频安监系统启用［N］．中国水运报，2006-09-13（1）.

[22] 傅华军，李智慧．海上油田群中控系统远程监控集中化探索及实践［J］．中国石油和化工标准与质量，2022，42（2）：188-190.

[23] 郝帅．基于虚拟现实技术的海上平台远程运维系统设计研究［J］．现代制造技术与装备，2021，57（12）：16-18，23.

[24] 吴红光．应急发电机在海上无人平台远程管理的实现方法［J］．广州化工，2020，48（9）：127-129.

[25] 高乐旭，梁跃东．海上采油平台架构中控系统远程监控工作站［J］．化工设计通讯，2020，46（4）：13，23.

[26] 王孔强．海上无人井口平台远程遥控生产技术的应用［J］．化工设计通讯，2018，44（5）：85.

[27] 陈可营，武跃力，何华坤．海上无人平台远程遥控技术的应用［J］．油气田地面工程，2018，37（1）：61-63.

[28] 刘洪涛．海上多油井远程监控系统的设计与实现［J］．中国石油和化工标准与质量，2013，33（19）：166.

[29] 王云声．海上油井输油管道温度远程监控系统的研究［D］．沈阳：东北大学，2008.

[30] 朱益飞．海上钻采平台远程实时监控系统［J］．电气时代，2007（6）：131-133.

[31] 吴红卫．东海平湖油气田防台风撤离实例分析［J］．中国海上油气．工程，2001（3）：6-18，49-53.

[32] 李剑石，周炳，李江峰．台风待机模式下的停产施工组织模式［J］．石化技术，2015，22（6）：247-248，251.

[33] 马俊丽，高建梅．减少台风影响下海上天然气生产关停的新思路［J］．石化技术，2017，24（11）：187-188.

[34] 张双亮，谭壮壮，张凤红，等．无人驻守平台控制系统设计与研究［J］．石油工程建设，2020，46（S1）：49-53.

[35] 郭永新．海上气田中控系统的优化［J］．石油化工自动化，2017，53（4）：57-59.

[36] 孟岩．海上传统无人平台生产现状与前景展望［J］．石河子科技，2023（2）：15-16.

[37] 陈建玲，刘爱明，许晓英，等．海上无人平台控制系统方案分析［J］．中国修船，2023，36（2）：60-62.

[38] 刘春悦．渤海油田井口平台无人化改造分析［J］．化工设计通讯，2022，48（10）：20-

22.

［39］许晓英，刘爱明，高阳，等.渤海边际油田无人平台标准化仪控设计研究［J］.中国修船，2022，35（5）：66-68.

［40］吴景健.渤海油田无人平台结构标准化设计［J］.石油和化工设备，2022，25（8）：48-53.

［41］宫景雯，窦培举，高鹏，等.海上无人驻守井口平台水消防系统设计探讨［J］.石油和化工设备，2022，25（6）：115，118-121.

［42］贾玉光，杨风艳，崔鹏，等.海洋石油无人驻守平台计量技术研究［J］.石油和化工设备，2022，25（5）：142-144.

［43］高璇，张昊，刘国锋.海上平台电气系统无人化方案设计［J］.电气应用，2022，41（2）：82-86.

［44］万宇飞，刘春雨，黄岩，等.渤海边际油田无人平台海管置换技术进展［J］.天然气与石油，2021，39（5）：8-13.

［45］李华朋.海上传统无人平台安全生产实践与标准化、智能化迭代的浅见［J］.中国石油和化工标准与质量，2021，41（19）：1-2.

［46］王沙，郭明荃，张强，等.海上无人平台及其动设备设计探讨［J］.盐科学与化工，2021，50（8）：42-44.

［47］宋罡，蒋乐天.基于海上无人平台的低功耗实时智能监测系统［J］.信息技术，2021（3）：73-76，83.

［48］李毅，熊亮，邓海发，等.SIL评估及HAZOP分析技术在海洋平台安全评估中的应用［J］.中国安全生产科学技术，2013，9（8）：119-124.

［49］蔺鹏飞.基于FMEA的海上平台钻机电控系统的失效风险评估［J］.中国石油石化，2017（9）：52-53.

［50］于芳.海洋石油平台火气系统有效性评估及SIL定级研究［D］.青岛：中国石油大学（华东），2018.

［51］高超，王皓，郭东升.SIL分析在海上油气平台中的应用［J］.石油化工自动化，2017，53（1）：41-44，60.

［52］李园园.海洋平台安全监测与控制系统安全完整性评估技术研究［D］.中国石油大学，2011.

［53］徐鑫，张立，傅剑峰.海上平台油水处理系统的自动控制［J］.中国石油和化工标准与质量，2021，41（17）：129-130.

［54］龚俊，丛岩，张泉城，等.浅谈海上平台全方位自动化报警处置体系的构建与应用［J］.中国设备工程，2021（S1）：1-2.

［55］徐庆松，邢增亮.海洋平台自控系统对标分析与探讨［J］.石油化工自动化，2020，56（3）：46-49.

［56］周学军．我国海洋石油平台典型自控系统的分析［J］．中国海上油气．工程，2000（5）：5-8，68-74.

［57］彭可伟．海上油气田台风期间遥控生产系统的改造［J］．天津化工，2021，35（3）：72-74.

［58］张春建，吕立功，严明，等．通过优化配载提高FPSO应对超强台风能力的思路与方法探讨——以"海洋石油111"FPSO为例［J］．中国海上油气，2014，26（2）：95-99.

［59］严明，刘学涛，杨凯东．海洋石油111FPSO台风工况装配载优化研究［J］．资源节约与环保，2012（5）：131-138.

［60］代齐加，肖宇，钱勇君．海上某平台工艺系统无人化的设计［J］．化工管理，2020（34）：193-194.

［61］魏春先，黄波，徐建东，等．海上石油平台无人化、智能化设计［J］．机电信息．2020（9）：98-99.

［62］刘红霞．深海海洋平台控制系统智能化研究［J］．海洋工程装备与技术．2019（S1）：404-408.

［63］高璇，张昊，刘国锋．海上平台电气系统无人化方案设计［J］．电气应用．2022，41（2）：82-86.